고양이
우리집 고양이
상사
완벽하게 모시기

고양이 상사

초판인쇄 2020년 8월 7일
초판발행 2020년 8월 7일

지은이 심용희
펴낸이 채종준
기획 · 편집 유나
디자인 홍은표
마케팅 문선영 · 전예리

펴낸곳 한국학술정보(주)
주 소 경기도 파주시 회동길 230(문발동)
전 화 031-908-3181(대표)
팩 스 031-908-3189
홈페이지 http://ebook.kstudy.com
E-mail 출판사업부 publish@kstudy.com
등 록 제일산-115호(2000. 6. 19)

ISBN 978-89-268-9591-7 13490

책에 대한 더 나은 생각, 끊임없는 고민, 독자를 생각하는 마음으로 보다 좋은 책을 만들어갑니다.

심용희 지음

이 력 서

	이름	심용희
	직업	수의사
	연락처	미야옹 - 야옹야옹
	주소	당신도 집사군 읽으면 좋으리

학력사항
충남대학교 수의과대학 수의학과 대학원 석사

반려 관계
반려묘 2마리, 반려견 4마리

집사 경력 사항	
1996~2007	냥줍대란 참가, 유모 및 임보 경력 다수
2007~현재	주황이 집사로 취업(현재 근무 중)
2018~현재	꼬맹이 집사로 취업(현재 근무 중)

자기소개

안녕하세요? 저는 10년 동안 동물병원에서의 수의사 생활 후, 지금은 직장인으로 생활하고 있는 12년 차 집사입니다.

고양이에 대한 저의 첫 번째 기억은 하얀 고양이 인형입니다. 제 어린 시절 할머니 댁에서는 창고에 쥐가 접근하지 못하도록 고양이들에게 밥을 챙겨주시곤 했는데, 담장 위에서 일광욕하고 있던 턱시도 고양이의 모습이 어린 눈에도 무척이나 도도하고 우아해 보여 오래도록 넋을 놓고 쳐다보곤 했습니다. 그런 제 모습을 보시던 할머니께서는 제게 하늘색 유리 눈에 털은 구름처럼 하얀 고양이 인형을 선물해 주셨습니다. 어린 시절, 그 인형을 매우 아꼈던 기억이 납니다.

그 후로 몇 년이 지난 초등학교 시절, 제가 살았던 단독 주택은 다른 주택가에서 비교적 떨어진 곳에 있어 정원이 꽤 넓었고, 뒷산과도 가까웠던 탓에 까치며 참새, 때로는 다람쥐도 집에 놀러 오곤 했습니다. 그러던 어느 날 유난히도 작은 엄마 고양이가 창고 지붕 사이에 새로운 생명을 탄생시켰습니다. 아기 고양이들이 귀엽고 발랄한 모습으로 조심스럽게 은신처에서 나와 보일 즈음, 고양이 가족은 이사를 갔고 그 후 며칠이 지난 어느 날, 저희 집 정원 한가운데서 죽은 다람쥐 한 마리를 보게 되었습니다. 그 당시에는 고양이의 행동 방식에 대하여 무지하기도 하였고, 고양이는 '요물'이라는 주변 어른들의 말씀 때문에, 한 달여가 넘는 시간 동안, 꽁치며 참치 같은 음식을 나눠주었는데도 불구하고, 불쌍한 다람쥐를 사냥한 고양이를 원망했습니다. 오랜 시간이 지나서야 그것이 바로 '고양이의 보은'이었다는 것을 알게 되었습니다. 이후 다른 고양이 친구에게 비둘기의 왼쪽 날개를 선물로 받기도 하였습니다만, 고양이가 주는 선물이 아직까지는 제 취향이 아닌 듯합니다.

수의사가 되기 위해, 수의과대학에 진학한 이후 해마다 3~ 4월과 10~11월 즈음이 되면, 아기 고양이 대첩이 일어나곤 했습니다. 엄마 잃은 아기 고양이들이 구조되어 아침마다 상자에 담긴 채 학교 부속 동물병원 앞에 놓여 있곤 했습니다. 그러면 늘 항시 대기 중인 고양이 유모(수의학과 학생)가 아기 고양이를 맡아 인공포유를 했습니다. 늦은 시간까지 우유를 먹이고 배변을 유도하다보니 수업 시간에는 꾸벅꾸벅 졸 수밖에 없었지만 점심시간이면 모여서 어느 유모의 아가 고양이가 더 잘 성장하고 있는지 서로 비교하기도 했습니다.

이렇게 쌓인 고양이와의 인연으로 지금은 2마리의 반려묘와 함께하고 있습니다. 한 친구는 올해 13살이 된 주황이라는 오렌지색 태비(치즈태비보다는 진하고, 생강태비보다는 좀 옅은)의 중성화한 여아입니다. 제가 인턴생활을 하던 동물병원에서 만난 첫 고양이이기에, 주황이의 나이는 저의 집사 경력은 물론 동물병원 수의사 경력과 동일하답니다. 다른 한 친구 꼬맹이(중성화한 남아)는 제가 현재 근무하고 있는 회사에서 평생을 근무한 회사 선배인데, 11살이 되면서 은퇴하여 지금은 저와 같이 생활한 지 햇수로 2년 정도 되어 가고 있습니다.

제가 모시는 두 상사입니다. 참고로 두 분은 동거는 하고 있지만 서로 친하지는 않답니다.

동물병원에서 수의사로 고양이들을 치료하던 동안에도, 반려동물 관련 사업체에서 회사원으로 근무하면서 여러 집사님들을 만나면서도 늘 느끼는 것은 '고양이는 특별하다.'입니다. 고양이는 매우 특별합니다. 그 특별함이 고양이를 더욱 사랑하게 하고, 그들과 함께 하고 싶게 합니다. 하지만, 때로는 이 특별함이 이해할 수 없는 행동으로 이어져 고양이와 사람 사이의 소통을 방해하고 오해를 만들기도 합니다. 어린 시절 제가 고양이의 보은에 상처 받았던 것처럼 고양이의 특별함은 매력이기도 하지만 어떤 경우에서는 그들을 대하기 어렵게 만드는 요소가 되기도 합니다.

저는 오랜 시간 집사로 살아왔지만 지금도 가끔은 두 고양이 상사님들이 무슨 생각을 하는지 궁금할 때가 많습니다. 다만 저는 'The Addressing of Cats(뮤지컬 캣츠 중)'의 가사 중 하나인 'That cats are very much like you'처럼, 고양이는 집사와 매우 닮았다고 생각합니다. 집사들 자신의 생활을 살펴보는 것을 통해, 고양이들의 너무나 특별한, 어쩌면 은밀하기도 한 취향과 사고방식에 대해 이해할 수 있지 않을까요?

수의사로서, 반려동물 산업 종사자로서, 그리고 집사 생활에서 얻은 고양이들의 특별함에 대한 경험과 정보를 이 책에 담았습니다. '언젠가 독립하면 꼭 고양이와 함께하겠노라'고 결심 중이신 집사 준비생 분들과 예비 집사님들, 그리고 '고양이 반려하는 생활이 예상과는 달라 당황'하고 있는 인턴 집사님들과 함께 나누고자 합니다. 물론, 집사 능력 9단의 장기근속 집사님들과 여러 캣 맘&대디들께서도 함께하여 주신다면 감사할 것 같습니다.

고양이랑 함께한다면, 당신의 삶은 언제나 특별할 고양!

목차

고양이 상사와 함께 일하기

업무 효율을 높이는 팀워크의 비밀

Part 5

집사들의 수다

"고양이와의 만남이란,

당신의 집에서 고양이와 동거한다는 것을 넘어

신비롭고 놀라운 고양이 상사의 사무실에서

근무하게 된다는 것을 뜻한다."

Part
1

알아두면 유용한 집사 취업의 길

고양이 상사를
모시기 위해...!
열심
열심
COFF

면접날
검은옷을 입고 오다니...
...?
내 털을 어찌 감당하려고

올바른 집사 윤리

고양이 상사에게 매혹되어 버린 당신! 지구를 정복하려는 고양이 상사들의 최측근이 되어 그들을 도울 당신! 그런 당신에게 집사 취업의 길을 추천합니다. 그러나 집사 취업도 계획한 대로는 이루어지지 않습니다. 그저 길을 걸었을 뿐인데 영험한 부름을 통해 고양이 상사에게 간택 받을 수 있고, 반면 오랜 기간 랜선 집사로서의 삶을 지내며 인내를 거듭한 끝에야 꿈에 그리던 집사 생활을 시작할 수도 있습니다. 또 운명처럼, 길에서 독립적으로 지내던 고양이 상사가 집으로 이직하는 상황이 벌어질 수도 있습니다. 그러니 집사의 꿈을 꾸는 당신이라면 적극적으로 취업 활동을 하지 않더라도 언제 어디서나 집사로 임명될 수 있다는 것을 명심하며 고양이 상사의 특징에 대해서 이해해 두는 것이 바람직하겠습니다.

집사로서의 DNA는 타고난 능력이라고 믿고 있습니다. 집사들은 자애로우며 공감능력이 뛰어납니다. 고양이 상사와 눈을 마주치는 것만으로도 기분이 좋은지 또 무엇을 원하는지 대화할 수 있습니다. 매우 창조적이며 적극적이기도 합니다. 그래서 필요한 물건을 뚝딱 만들어내고 더 쾌적한 생활환경을 고안해냅니다. 저는 집사들이 갖춘 놀라운 능력을 늘 눈여겨보았고 고양이에 대한 지극한 사랑이 근원이라는 사실을 알게 되었습니다. 사랑이 없다면 고양이 상사를 모시는 데 들어가는 막대한 생활비나, 고양이가 우선되어야 하는 삶의 패턴, 털과 모래가 늘 공존해야 하는 집안에 적응할 수 없을 테니까요.

특히 집사에게는 5대 직무와 윤리가 주어집니다.

1. 충분한 수분과 적절한 양의 음식 제공하기
2. 풍부한 환경 제공하기
3. 놀이 참여에 집중하기
4. 일상다반사 확인하기
5. 집사의 워라밸(work-life balance) 유지하기

1979년 영국에서 제시된 '동물의 5대 자유'를 기반으로 작성된 이 5개의 항목은 집사라면 은연중에 깨닫고 실천하는 습관이

기도 합니다. 마치 자연스럽게 숨을 쉬는 것처럼 말이죠! 더 충실한 집사 업무 수행을 위해 각 직무를 상세히 알아봅시다.

1. 충분한 수분 공급과 적절한 양의 음식 제공하기

살아가는 데 필수적인 물과 음식을 준비하는 일은 집사 업무의 기본입니다. 음식은 뒤에서 자세하게 다룰 예정이므로 먼저 충분한 수분 공급에 대해 알아보겠습니다.

현대의 고양이는 아프리카 들고양이의 후손으로 알려져 있는데, 그 때문인지 사막과 같이 수분이 부족한 환경에 적응하기 위해 체내 수분을 흡수하는 능력이 발달했습니다. 덕분에 고양이는 소량의 수분섭취로도 생존이 가능합니다. 대신에 농도가 진한 소변을 배설해 특발성 방광염과 같은 비뇨기계 질환에 노출되기 쉽습니다. 따라서 이러한 질병을 예방할 수 있는 수분 섭취에 신경 써야 합니다. 실제로도 많은 집사들은 고양이가 물을 얼마나 마시는지 관심이 많습니다.

고양이의 하루 수분 적정 섭취량은 몸무게 *kg*당 40~50*ml* 정도입니다. 몸무게 4*kg*인 고양이 상사라면 하루에 물 160~200*ml*를 마셔야 하는 셈이죠. 집사 입장에서는 고양이 상사들의 수분 섭취량이 부족하게 느껴지곤 합니다. 특히나 조금씩 자주 먹는 고양이식 식습관은 물을 마실 때도 마찬가지여서 물을 마시다 마는 것처럼 보일 수 있습니다. 또한 평소 물을 잘 마시지 않는 고양이 상사라면 음수량이 더욱 적을 수 있습니다.

충분한 수분을 공급해주려면 집사의 꼼꼼한 관찰력과 창의성이 필요합니다. 우선, 고양이 상사의 음수 취향을 파악해야 합니다. 때로는 수도꼭지에 조금씩 맺히는 물방울을 즐길 수도 있고 어항에 담긴 물을 선호할 수도 있습니다. 관찰을 바탕으로 창의성을 발휘해봅시다. 어떻게 하면 좀 더 원활한 음수를 유도할 수 있을까요? 흐르는 물을 좋아한다면 반려묘 전용 정수기를 활용할 수도 있을 것이고, 유독 변기에 고인 물에 관심을 보인다면 유아용 변기 뚜껑 잠금 장치를 달아 접근을 방지하는 한편 수염이 닿지 않을 넓고 큰 수반에 물을 준비하는 것도 방법이 될 수 있습니다. 어떤 고양이 상사는 어항에 담긴 물에 관심을 가지기도 합니다. 이런 경우에는 움직이는 로봇 물고기나, 장난감 어항을 물그릇으로 활용할 수도 있습니다. 다만, 어항에 관심을 보이는 이유가 어항 내 물고기의 움직임 때문인지 아니면 어항의 입구가 넓어서 물을 마실

때 수염이 닿지 않기 때문인지 구분해내는 세심함을 발휘하는 것도 집사의 업무 영역입니다.

2. 풍부한 환경 제공하기

고양이는 영역동물이라고 불릴 정도로 자신의 주거 환경에 민감하고 중요하게 여기는 모습을 보입니다. 그만큼 고양이 상사의 주거 환경(이후로는 집무실이라 하겠습니다)은 고양이 상사의 삶에 큰 부분을 차지하는 요소입니다. 쾌적하고 안전한 집무실에서 생활할 수 있도록 배려해야 합니다. 특히나 한국은 다른 나라에 비해 고양이 상사의 외출을 상당히 위험하게 생각하고 있습니다. 산책도 마찬가지입니다. 그러므로 고양이 상사가 집무실 안에서도 충분한 신체활동을 즐기고, 호기심을 건강하게 충족할 수 할 수 있도록 환경을 꾸며주는 것이 중요합니다. 이를 '환경풍부화'라고 합니다.

환경풍부화는 거창한 설계나 대공사를 하지 않아도 됩니다. 꼭 호화로운 캣타워나 최첨단의 화장실이 필요한 것도 아닙니다. 집사의 관찰력과 창의력만 있다면 고양이 상사가 만족하는 집무실 인테리어가 가능합니다.

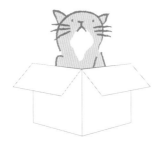

을 만들 수 있고, 움푹 파인 공간에는 커튼을 달아주는 것만으로도 아늑한 집무 환경이 뚝딱 만들어집니다.

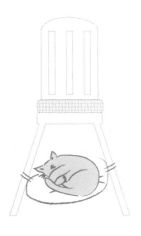

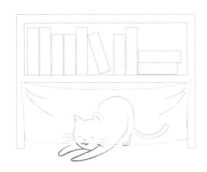

3. 놀이 참여에 집중하기

늘 근엄하게 앉아있기만 하는 것처럼 보이기는 하지만 그들 또한 '라떼는 말이야' 시대에서는 매우 민첩한 사냥꾼이었습니다. 휴식 시간 이외에는 사냥에 가장 많은 시간과 관심을 기울였습니다. 그러다 현대에 들어와서는 집사를 거느린 고양이가 생겨나기 시작했고, 이들을 중심으로 생계를 위한 사냥이 놀이로 대체되었습니다. 그러므로 아직 야생의 본능이 살아있는 고양이 상사에게는 놀이가 매우 중요한 삶의 구성 요소이며, 집사는 성실한 자세로 놀이에 임하고 다양한 놀이 방법과 장난감을 제안할 수 있어야 합니다.

4. 일상다반사 확인하기

고양이는 자신의 통증이나 질병을 숨기는 경향이 있습니다. 때로는 심각한 질병 증상을 보이지 않았음에도 불구하고 위중한 질병을 앓고 있을 수 있습니다. 만일의 경우를 대비해 전문 수의사에게 주기적으로 검사를 받는 것이 중요하지만 몇몇 고양이 상사는 외출에 대한 심각한 거부반응을 보여 동물병원으로 방문하기가 매우 어렵기도 합니다. 그러니 집사라면 더욱이 고양이 상사의 일상다반사를 관찰하고 지표가 되는 행동의 횟수나 변화를 꼼꼼히 확인하는 습관을 길러야 합니다.

기본적으로 감자(배뇨)와 맛동산(배변)을 수확할 때 개수나 형태의 변화가 있는지 확인해야 하며, 주기적인 체중 확인이나 스크레칭 혹은 수면 후 기지개와 같이 일상다반사를 세심히 관찰하며 고양이 상사의 건강상태에 대한 단서를 잡아낼 수 있도록 합니다.

5. 집사의 워라밸(Working and Life Balance) 유지하기

집사 취업은 고양이와의 행복한 삶을 추구하기 위한 것입니다. 고양이와의 동거가 무조건적인 집사의 희생을 기반으로 해서는 안 됩니다. 출근하면서 혼자 남겨질 고양이 상사를 생각하면서 '내가 혼자이기 싫어서, 너를 혼자로 만드는구나, 미안해'라든지 '나는 고양이를 기르면 안 돼'라는 죄책감을 가지는 집사를 종종 봅니다. 이런 생각은 집사 스스로뿐만 아니라 고양이 상사도 불행하게 합니다. 집사의 사회생활과 경제활동을 통해, 고양이 상사는 영양가 있는 사료를, 맛있는 간식과 재미있는 장난감을 받을 수 있습니다. 만약 집사가 별다른 대책 없이 집에 머물며 고양이와 함께 생활한다면 어떻게 될까요? 또한 행복은 전염성이 강합니다. 그러니 행복한 집사가 행복한 고양이 상사를 만든다고 생각합니다. 고양이 상사를 봉양하느라 친구들과의 모임에 나가지 못하거나 좋아하던 여행을 포기하는 등 외출하지 못해 스트레스를 받는다면 그 모습을 지켜보는 고양이 상사 마음도 무척이나 불편할 것입니다. 집사와 고양이 상사 모두가 지치지 않고 오래 행복할 수 있도록 집사는 본인의 사생활과 집사로서의 근무 사이의 워라밸를 잘 유지해야 합니다.

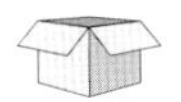

고양이 상사의 숨겨진 과거

성공적인 집사 취업을 위해서 고양이 상사의 과거 이력을 살펴봅시다. 인간사회에서도 취업하기 전에 이력서를 넣는 회사의 역사나 평판을 알아보곤 하는데, 이와 같은 이유라고 생각하면 됩니다. 고양이 상사와의 면접에서 그들이 가진 본능과 자연적인 욕구를 이해하기 때문에 더욱더 적절한 업무 서포트가 가능하다고 어필해 보는 건 어떨까요?

확실히 오랜 시간에 걸쳐 만들어진 고양이 상사의 취향과 습관에 대한 배경지식을 쌓아둔다면 취업 이후에도 도움이 됩니다. 고양이 상사의 의문스러운 행동이나 표정에 대한 대답을 얻을 수도 있을 것이고, 집사 근무에서 발생하는 다양한 문제점도 해결 방법을 고안해 낼 수 있습니다. 그럼 주체적이고 찬란하신 고양이 상사의 옛이야기를 만나봅시다. 흑역사까지도 말이죠!

고양이 상사의 화려한 데뷔

고양이 상사의 조상은 13만 년 전 고양이 속에서 분리되어 나온 아프리카 들고양이종, 근동 살쾡이의 후손으로 알려져 있으며, 근동 지역 사람들이 최초로 고양이와 함께 생활한 것으로 추측하고 있습니다. 그 후로도 오랜 시간이 흘러 1만 2,000여 년 전 중동 아시아에 설치류들이 번성하자 고양이 상사들도 사냥감을 따라 이주를 시작한 것으로 보입니다. 이전까지 고대 지중해 지역에서는 수확한 농작물을 지키기 위해, 창고에 족제비를 길렀다고 합니다. 하지만 고양이 상사는 족제비보다 쥐를 잡는 능력이 뛰어났을 뿐 아니라, 족제비와는 달리 항문 선에서 나는 특

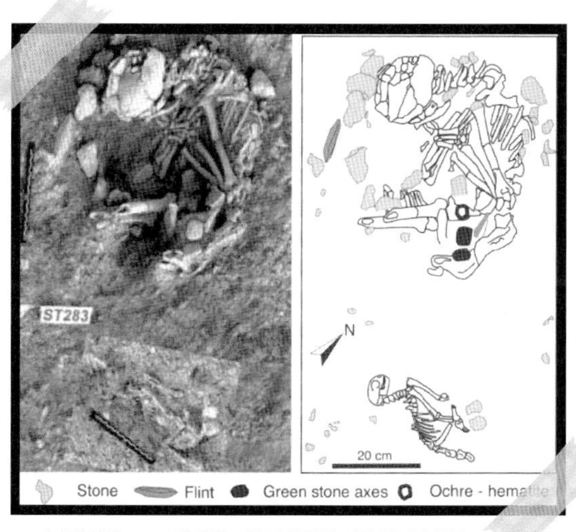

2004년 발견된 9,500여 년 전 고양이 상사와 어린 집사의 유골

유의 악취를 가지고 있지 않았기 때문에 족제비의 창고지기 업무를 인계받게 되었다고 합니다.

고양이 상사와 함께하는 집사 근무는 아주 오래전부터 시작된 것으로 보입니다. 이집트에서는 고양이를 신성한 동물로 여기며 다산과 모성애의 상징인 바스테트(Bastet) 여신의 후손으로 믿었습니다. 여신의 머리는 고양이로 묘사되었고 특히 어둠 속에서도 빛나는 두 눈은 태양신 라와 동일시되기도 했습니다. 때문에 고양이를 죽게 한 사람은 사형을 받았으며, 집에서 같이 생활하던 고양이가 사망하면 눈썹을 밀어 눈썹이 다 자랄 때까지 고양이를 추모했다고 합니다. (현대 사회에서는 다른 방법으로 추모하는 편이 좋다고 생각합니다. 눈썹을 밀어 집사의 '못생김'이 더해진다면, 하늘나라로 떠난 고양이 상사도 마음이 편치 않을 테니까요.)

고양이 상사, 글로벌 인재가 되다

이집트에서는 이 아름답고 유용한 동물을 신성시하며 해외 반출을 금지했습니다. 그런데도 고양이 상사는 2,500여 년 전쯤 인도, 그리스, 유라시아 및 아프리카 등지로 해외 취업을 떠나게 됩니다.

당시 해외 무역에 이용되는 선박에는 장기간 항해를 버틸 수 있도록 식량이 가득 실려 있었습니다. 그러다 보니 식량을 노리고 무임승차하는 쥐의 박멸을 위해 고양이 상사가 필요했을 것입니다. 바닷물을 마셔도 어느정도 견딜 수 있는 수분 재흡수 능력도 해외 취업에 큰 도움이 되었을 것으로 생각합니다. 그리하여 오늘날, 고양이 상사들은 수많은 집사와 함께 전 세계에 거주하고 있으며, 착실하게 세계 곳곳으로 진출하고 있습니다.

고양이 상사의 흑역사, 중세시대

마음이 여린 집사라면 심호흡하고 읽어주세요. 고양이 상사에게도 늘 행복과 영광만이 존재하지는 않았습니다. 특히 중세시대에 가장 많은 박해를 받았습니다. 마녀사냥과 더불어 많은 고양이가 화형을 당했으며 검은 고양이는 사탄의 분신으로 일컬어져 무분별하게 학살당했습니다. 고양이를 불구덩이에 집어 던지는 '행사'가 있을 정도였으니, 여러모로 잔혹하고 힘든 시절이었습니다.

유럽 전역을 강타했던 흑사병도 고양이에게 나쁜 기억을 안겨주었습니다. 매개인 쥐를 쫓는 고양이를 흑사병의 원인으로 오해하여 더욱더 많은 학살이 일어났고 사람들에게도 부정적인 존재로 인식되었습니다. 사실 흑사병에 걸린 고양이라면 사람에게도 흑사병을 전염시킬 가능성이 있습니다. 하지만 쥐를 쫓는 고양이를 학살하는 일은 오히려 쥐가 사방에 창궐하게 만들어 흑사병이 더욱더 넓게 퍼지는 원인이 되었다는 의견도 있습니다.

한국 역사 속의 고양이

서아시아에서 길들여진 고양이는 실크로드를 거쳐 중국으로 유입되었습니다. 이들을 한국 고양이의 선조로 보고 있습니다. 한국에서 고양이는 많은 전설과 전래동화를 통해 신비롭고 의로운 동물로 묘사되곤 했습니다. 동시에 요물이나 사람에게 해를 끼치는 간악한 존재이기도 했습니다. 심지어 유연한 몸짓과 탁월한 신체 능력은 일부 질병 치료에 고양이가 좋다는 속설을 낳았고 이로 인해 많은 고양이가 희생되기도 하였습니다.

좋은 일도 나쁜 일도 있었지만 고양이는 오랫동안 한민족과 함께해 왔습니다. 고전의 글과 그림에서도 고양이는 곧잘 등장하며 어떤 기록에서는 우리에게도 어쩔 수 없는 집사의 DNA가 흐르고 있음을 보여줍니다. 우리 민족은 일찍이 고양이 상사의 도도함과 우아함을 알아본 것인지, 왕실에서 근무한 고양이 상사 일화가 많습니다. 양녕대군이 고양이를 분양받으려 했다는 기록이나, 자객에게 습격당할 위험에 처한 세조를 고양이들이 구했다는 설화도 있습니다. 숙종이 고양이 금손이에게 준 총애도 널리 잘 알려진 이야기입니다.

조선 중기에 그려진 조지운의 유하묘도*

새로운 고양이들의 탄생

고양이 품종 개량에 대한 시도는 19세기 말부터 시작된 것으로 보입니다. 개의 역사에서도 근대에 들어 품종이 다수 만들어지기는 했지만, 고양이는 이보다 품종 개량의 역사가 무척 짧습니다. 무엇이 이런 차이를 만들었을까요?

* 국립중앙박물관(www.museum.go.kr), "고양이(傳 趙之耘 筆 柳下猫圖)"

사람들은 목장이나 창고에 들끓는 쥐를 잡기 위해 집사로 취업했고, 시크한 고양이 상사들은 사람이 사는 곳에 먹을 것이 많다는 이유로 우리 곁에 다가왔습니다. 집사와 고양이 상사는 어느 한쪽의 일방적인 요구가 아닌 서로의 필요에 의해 같이 살게 된 것입니다. 또한 모든 고양이은 이미 탁월한 사냥꾼이므로 굳이 선별해 번식될 필요가 없었을 것입니다. 쥐를 잡는 본연의 업무를 수행하는 일도 집안에만 있기보다는 집 주변을 배회하는 것이 더 유리하므로 자유롭게 다니고 연애하며 번식했을 것입니다.

이러한 배경이 품종의 차이를 불러왔습니다. 살펴보면 반려견은 사냥감을 쫓거나 물어오는 사냥개, 잘 짖어서 집을 지키는 번견, 가축을 돌보는 목양견처럼 행동 특성에 품종 개량의 초점이 맞춰져 있습니다. 반려묘 품종은 이와 다릅니다. 노르웨이숲이나 메인쿤처럼 자연적으로 만들어지기도 하고 러시안블루, 샴처럼 그저 그 지역 이름을 따라 만들어지는 경우가 많습니다. 즉 특정 행동을 유발하려는 목적보다는 지역 특성에 따라 품종이 발전했을 것으로 생각됩니다. 물론 스코티쉬폴드나 먼치킨처럼 사랑스럽고 개성적인 외모로 집사들의 사랑을 받는 고양도 품종도 있습니다.

이제는 다묘(多猫) 가정으로

고양이 상사들은 우아하며, 도도합니다. 매우 독립적인 성격으로 가끔은 서운할 정도로 우리에게 관심이나 애착을 보이지 않기도 합니다. 그러나 집에 돌아왔을 때 꼬리를 들고 총총 걸어와 미끄러지듯이 다리 사이를 지나가거나, 무방비 상태일 때 다가와 꾹꾹이 하는 등 슬쩍슬쩍 보여주는 고양이 상사의 매력은 우리가 집사 취업을 꿈꾸는, 집사임을 자랑스러워하는 이유가 됩니다. 더군다나 자신을 깨끗하게 그루밍하고 특별한 교육 없이도 화장실을 이용하는 등 집사의 업무를 줄여주는 행동은 집사들의 이중, 삼중 취업을 도와 다묘 가정 수가 느는 이유가 되고 있습니다.

처음부터 둘 이상의 고양이 상사를 모시는 경우도 종종 있습니다. 고양이는 모계중심사회여서 엄마 고양이를 중심으로 함께 성장하는 특성이 있기 때문에 가능한 일입니다. 그래서 강아지를 동시에 입양했을 때 우려될 수 있는 서열 경쟁이나 서로를 향한 과도한 애착과는 달리 어린 고양이들은 비슷한 시기에 입양되어도 서로 의지하며 잘 지내는 편입니다. 그 때문에 첫 집사 취업이라도 엄마가 같은 고양이들을 같이 입양한다면, 성공적인 다묘 가정을 이루는 경우가 많습니다.

고양이 상사의 놀라운 신체 능력

후각

고양이 상사에게 '냄새'란 기억의 단서이며, 확인의 방법입니다. 사냥하는 포식자이면서 동시에 체격이 작아 대형 포식자에게 희생당할 가능성을 가진 고양이에게 후각의 발달은 필수일 수밖에 없었습니다. 또한 후각은 다른 고양이의 상태나 성별, 짝짓기 시기를 파악하는 소통 수단이자 먹이의 온도나 안전을 확인하는 감별 수단이기도 합니다. 지금도 고양이는 음식 자체의 '맛'보다 음식에서 풍기는 '향'을 중요하게 여기는 것으로 보이며, 그중 고소한 지방 향을 가장 사랑하는 것으로 알려져 있습니다.

고양이 상사는 코에 2억 개의 후각세포를 보유하고 있습니다. 약 5백만 개의 후각 세포를 가진 집사들보다 냄새 맡는 능력이 뛰어날 수밖에 없습니다. 큰 신체적 차이는 집사와 고양이 상사의 동거에서 여러 가지 오해를 가져오기도 합니다. 예를 들어, 집사에게는 너무 향긋하고 상큼한 방향제의 냄새가 고양이 상사에게는 지독한 악취로 느껴질 수 있습니다. 그 냄새를 자신의 냄새로 정화(?)하기 위해 방향제 옆에 소변을 볼 수도 있습니다.

후각은 고양이 상사가 태어나면서 가장 먼저 사용하는 능력으로 눈을 뜨기도 전에, 귀가 뜨이기도 전에 체취로 엄마 고양이를 알아보게 합니다. 물론 엄마 고양이도 냄새로 자신의 아기를 기억하고 정확하게 구별합니다. 후각은 시각이나 청각보다 개체별 특징을 확인하는 데에 유용하며, 시각이나 청각을 통한 정보보다 더욱더 높은 정확도를 보입니다. 후각은 황혼의 나이에 접어든 고양이 상사에게도 중요합니다. 노화로 무뎌진 시각과 청각보다 더 오랜 시간 유지되기 때문입니다. 사라지는 다른 감각기를 대신해 후각은 더 많은 주변 환경 정보를 제공합니다. 따라서 집사는 고양이 상사의 후각에 스트레스를 줄 만한 환경요소를 제거하는 배려를 잊지 않도록 해야 합니다.

놀랍게도 고양이 상사는 동료와 가족 관계에서만 서로의 냄새를 공유합니다. 냄새를 통해 그 구성원을 인식하고, 기억합니다. 중성화 수술 이후나 동물병원 장기 입원, 혹은 미용실을 다녀온 고양이가 다른 동료 고양이와 사이가 틀어지는 경우가 있는데, 이는 갑작스러운 체취의 변화 때문입니다. 아무리 친한 사이여도 외모를 기억하고 있더라도 체취가 변하거나 다른 냄새가 몸에 배면 자신이 이미 알고 있던 친한 사이가 아니라고 생각합니다. 장기간 다른 곳에 탁묘 보냈거나, 오랜 출장에서 다녀온 후라면 재회할 때 반가운 듯 꼬리를 들고(사람으로 치면 환영의 의미로 팔을 벌리고) 다가온 고양이 상사가 잠시 멈칫한 후 '캬악'이라는 외마디 호통을 치고 도망가는 상황을 종종 경험할 수 있습니다. 멀리서 집사를 알아보고 가까이 다가갔으나, 가까이서 맡아지는 집사의 체취가 기억하던 것과 달라졌기 때문에 당황하는 것입니다.

일반적으로는 개의 후각이 고양이보다 더 발달했다고 알려져 있습니다.

그러나 개와 고양이의 후각 비교는 슈퍼맨과 배트맨의 초능력을 비교하는 것과 같습니다. 후각의 사용 범위나 후각을 통한 정보 수집에 차이가 있기 때문입니다. 정확한 비교를 위해서는 앞으로도 많은 연구와 이해가 필요할 것입니다.

시각

사람은 책을 읽거나 텔레비전 화면을 볼 때 색상이나 형태에 집중하여 정보를 얻습니다. 반면 고양이는 오랜 야생생활의 흔적으로 사냥을 위한 동체 시력이 발달해 '움직임'에 더욱더 관심을 가집니다. 또한, 근거리 시력이 약해서 아주 가까운 물체나 먹이에 대한 정보는 수염을 통해 얻습니다. 일반적으로는 2~6m 안쪽의 사물을 가장 정확하게 볼 수 있다고 알려져 있습니다. 이 이야기는 집사가 고양이 상사와 놀이를 할 때 장난감을 고양이 상사의 눈앞에 두고 놀이를 시작하기보다 2~3m 떨어진 위치에서부터 놀이를 시작해야 한다는 팁을 제공합니다.

집사라면 고양이 상사의 눈을 보고 기분을 알아낼 수도 있습니다. 동공(까만 동자)은 어두울 때는 확장되고 밝을 때 수축하지만, 무언가에 의해 놀라거나 두려움을 느낄 때 확장되고, 공격적인 행동 이전에는 수축합니다.

밤에 유독 반짝이는 눈도 고양이의 시각적 특징입니다. 고양이는 망막 뒤쪽에 반사판이 있어 들어오는 빛을 반사해 야간 시력을 40%나 향상합니다. 덕분에 어두운 곳에서 사물의 형체를 사람보다 더욱더 정확하게 볼 수 있습니다. 다만 색상은 흑백으로만 보인다고 합니다. 물론 빛이 있는 곳에서는 어느 정도 색상을 인식합니다. 파란색, 노란색, 초록색 계열을 잘 보고 붉은색은 잘 보지 못한다고 알려져 있습니다.

각자가 가진 장점이 있음으로 고양이와 개, 사람의 시각 능력을 비교하는 것은 굳이 필요하거나 중요한 일이 아닙니다. 야생 상태에서 고양잇과 동물들은 몸을 엄폐하여 숨어 있다가, 사냥감의 움직임이나 허점이 보이는 순간 사냥을 시작합니다. 이 때문에 비교적 가까운 물체에 초점을 잘 맞춥니다. 반려견의 조상이었던 야생의 개들은 고양이 상사와 달리 멀리 있는 사냥감을 쫓아가서 사냥했으므로 원거리 시력이 발달하였다고 합니다. 인간의 경우에는 폭넓게 색상을 구분하는 등 다양한 정보를 입수

할 수 있는 방향으로 시력이 발달했습니다. 특히 집사라면 사랑스러운 고양이 상사의 모습을 눈에 담아 두는 능력이 발달했을 것이라 생각해봅니다.

청각

수풀 지대에서 사냥하던 고양이 상사의 조상들에게는 청각도 매우 중요한 감각이었습니다. 지금도 고양이의 가청범위는 사람보다 훨씬 넓으며, 개보다 더 높은 음역의 소리를 들을 수 있다고 합니다. 가장 잘 듣는 음역은 아기 고양이의 울음소리에 해당하는 2,000~6,000*Hz*로, 높은 톤의 여성 목소리가 여기에 속한다고 합니다. 그래서 고양이는 여성 집사의 목소리에 좀 더 잘 반응한다고 합니다.

그러나 낮은 목소리를 가졌거나 톤이 굵직한 남성이라고 해도 좌절할 필요는 없습니다. 청각 이외에도 촉각이나 시각과 같은 다양한 의사소통이 있으니 말입니다. 그럼에도 고양이 상사의 관심을 더 끌고 싶다면, 가성으로 대화를 시도해 보는 건 어떨까요? 이↗렇↗게↗말↗이↗죠↗.

고양이는 청각이 발달하였을 뿐 아니라, 귀 근육이 발달해 귀를 젖히거나, 접는 방법을 통해 소리의 방향을 정확하게 찾아내기도 합니다. 이렇게 귀를 자유롭게 움직여 감정도 많이 표현하니, 고양이에게 있어 귀는 무척 중요한 신체 부위인 셈입니다. 그만큼 예민하고 잘 관리되어야 하는 곳이기도 하니 이상이 없는지 세심히 살펴주는 것이 좋겠습니다.

촉각

수염은 고양이에게서 가장 잘 발달한 촉각 기관으로, 윗입술과 뺨, 턱, 눈 위쪽(대부분의 집사들이 눈썹이라 생각하는 그것입니다) 그리고 앞다리에 있습니다. 수염에는 뇌의 체성감각피질*과 연결된 수용기가 있어서, 주변의 온도를 알려주고 균형을 잡는 데 도움을 줍니다. 또한 수염을 통해 이동 공간의 넓이에 대한 정보를 얻고, 물

* 몸의 피부에서 들어오는 접촉, 아픔, 온도 감각 그리고 근육과 관절에서 오는 위치 감각을 인식하는 대뇌의 부분.

체를 입체적으로 인지하기도 합니다. 특히 입 주변에 난 수염 4개 중 위쪽 2개는 공기의 흐름을 인지하고, 아래쪽은 좁은 곳을 만났을 때 지나갈 수 있을지 가늠하게 해줍니다.

수염은 의사소통에서도 중요한 역할을 합니다. 수염을 앞쪽으로 펼치는 것은 대상에 대한 경계, 수염을 옆으로 펼치는 것은 안정, 수염을 뒤쪽으로 펼치는 것은 공포나 공격 신호라고 예상할 수 있습니다.

수염 외에도 고양이는 코와 발가락, 그리고 앞발의 발바닥에 다른 부위보다 많은 감각 수용기를 가지고 있습니다. 고양이 상사의 발톱을 정리하려고 할 때, 심한 거부 반응을 보인다면 여기서 이유를 찾을 수 있겠습니다. 또한 발가락 털에도 감각수용기가 있기 때문에, 고양이 모래를 구매할 때 촉감이나 입자의 크기에 대해 한 번 더 고민하는 세심함을 발휘한다면 더욱더 좋겠습니다.

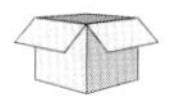

나와 잘 맞는 고양이 상사 찾는 법

현대 사회에 접어들며 집사와 고양이 상사 모두에게 많은 변화가 일어났습니다. 그중에서도 외근에 적합하지 않은 주거 형태, 복잡한 교통 그리고 위해를 가하는 정신질환자들의 등장은 고양이 상사에게 큰 위험을 끼칠 가능성이 높습니다. 그래서 집사들은 고양이 상사를 위험으로부터 보호하기 위해 주로 실내 생활을 권유합니다.

고대부터 고양이는 쥐를 박멸하는 업무를 맡아왔고 따라서 외근이 잦았을 것입니다. 주변을 순찰하거나 배회하는 것도 주요한 일과였습니다. 영역을 중시하는 습성이 있어 야생의 개와 같이 먼 곳으로 출장을 가거나 정처 없이 떠도는 일은 없었을 테지만, 중성화한 수컷 고양이의 영역 범위가 10㎞ 이상 된다고 하니, 꽤 넓은 영역을 가지고 외근 업무에 몰두했을 것입니다.

이런 특성 덕분에 고양이 상사는 개방적인 사외 연애 생활을 누리며 자손을 만들었습니다. 당연히 집사의 의견이 반영되기는 어려웠습니다. 고양이 상사의 자유연애는 대부분의 고양이가 품종과 관계없이 비슷한 체격을 가지고 유사한 행동 양식을 유지할 수 있도록 했습니다. 특히 한정된 지역에서의 자유연애에 영향을 많이 받은 고양이 그룹은 하나의 종이 되어 지역명을 이름에 품고 있습니다(노르웨이숲고양이나 메인쿤, 샴 등).

그러다 현대 사회에서는 상황이 변합니다. 집사들은 자신의 고양이 상사가 가진 특성과 장점을 후대에 전하기 위해 중매 결혼을 제안하게 되었고, 이는 다양한 아름다움과 매력을 가진 고양이 품종들로 발전하게 되었습니다. 유전자의 힘은 정말로 위대하고도 놀랍습니다. 품종묘 고양이 상사들은 외모가 비슷할 뿐만 아니라 성격이나 체질에서도 유사성을 보입니다. 한국에 많이 사는 고양이를 중심으로 품종별 체형 특징을 살펴봅시다. 또한 품종별에 따라 달라지는 성격 차이도 함께 알아봅시다. 물론 같은 품종이라도 개인적인 성향이나 환경에 따라 차이를 보이기는 합니다만 일반적으로 나타나는 모습이 있습니다. 놀이에 대한 선호도와 활동량을 중심으로 품종별 성격 특성도 함께 살펴봅시다.

체형별 특징

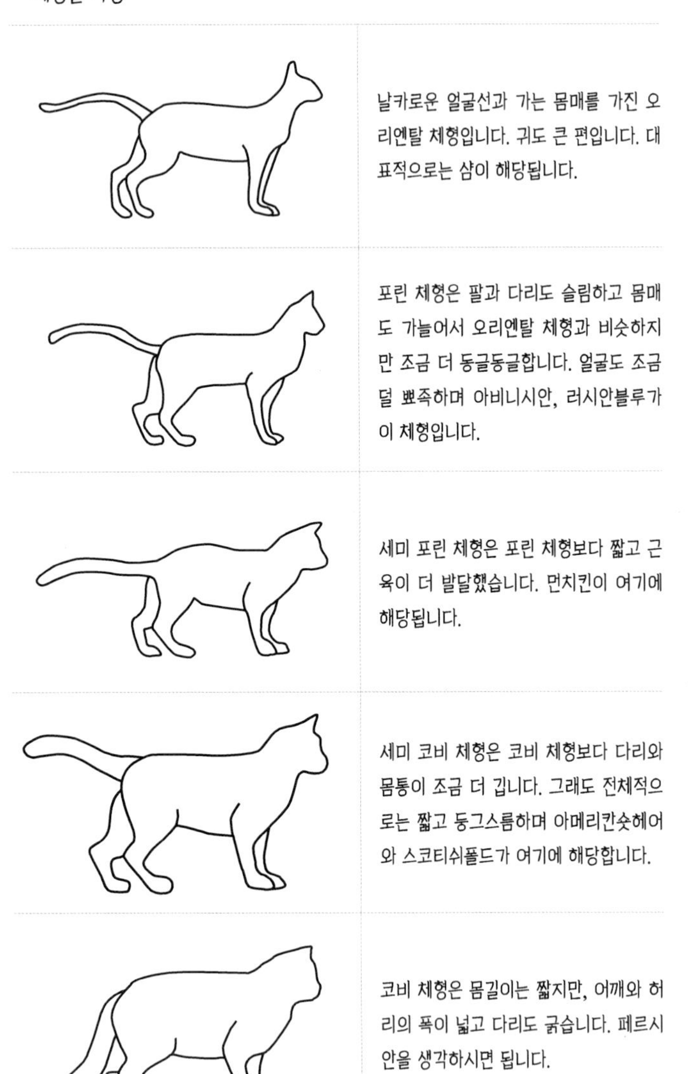

날카로운 얼굴선과 가는 몸매를 가진 오리엔탈 체형입니다. 귀도 큰 편입니다. 대표적으로는 샴이 해당됩니다.

포린 체형은 팔과 다리도 슬림하고 몸매도 가늘어서 오리엔탈 체형과 비슷하지만 조금 더 동글동글합니다. 얼굴도 조금 덜 뾰족하며 아비니시안, 러시안블루가 이 체형입니다.

세미 포린 체형은 포린 체형보다 짧고 근육이 더 발달했습니다. 먼치킨이 여기에 해당됩니다.

세미 코비 체형은 코비 체형보다 다리와 몸통이 조금 더 깁니다. 그래도 전체적으로는 짧고 둥그스름하며 아메리칸숏헤어와 스코티쉬폴드가 여기에 해당합니다.

코비 체형은 몸길이는 짧지만, 어깨와 허리의 폭이 넓고 다리도 굵습니다. 페르시안을 생각하시면 됩니다.

놀이에 대한 선호도

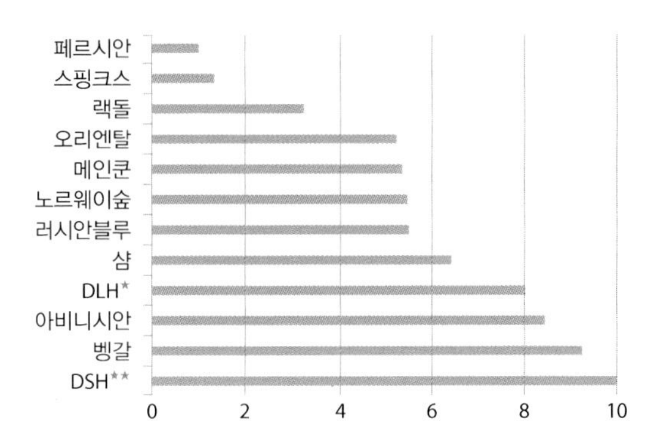

활동량 순서

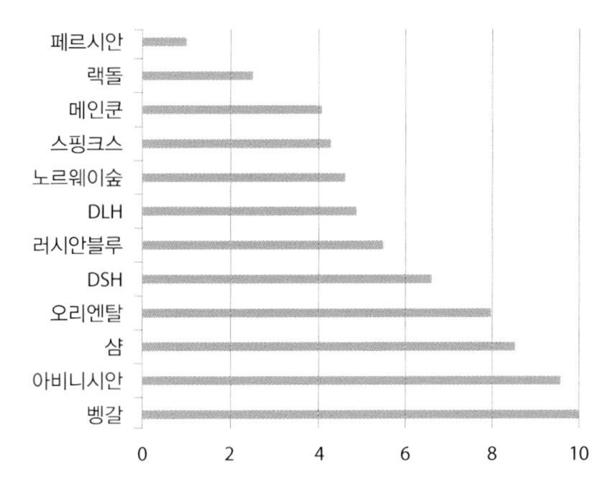

* 장모종. domestic long hair.
** 단모종. domestic short hair.

페르시안 상사를 둔 집사라면 놀이와 운동에 대해서는 업무 부담이 크지 않아 보입니다. 다만, 너무 움직이지 않으면 비만이 될 가능성이 높습니다. 체형이 약간 펑퍼짐한 코비 타입이라는 점을 감안해도 비만은 모든 품종에게 좋지 않습니다. 따라서 집사는 식사량 조절에 힘써야 할 것입니다.

러시안블루 상사는 놀이를 좋아하기도 하고 활동량도 중간 정도기 때문에 하루 2~3번, 한 번에 10~20분 정도 놀이 시간을 만들어주면 만족할 것입니다. 놀이는 좋아하지만 활동량은 이보다 낮은 Domestic Short Hair 상사는 놀이에 흥미를 느낄 수 있도록 다양하고 참신한 놀이를 제안하되, 너무 격렬한 놀이는 피하는 것이 좋습니다. 굳이 뛰어다니지 않더라도 사냥 본능을 충족할 수 있는 관찰 놀이를 제안하면 좋을 것입니다.

벵갈 상사는 놀이에 대한 욕구와 활동량이 매우 높습니다. 벵갈 상사와 함께하는 집사라면 자신의 체력 단련에도 힘을 써야 할 것입니다.

우리는 이러한 표본을 통해 고양이 상사가 보이는 특정한 경향을 파악할 수 있습니다. 다만 개별적인 조사나 특정한 수치로써만 표현된 것이기 때문에 절대적이지는 않습니다. (특히나, 앞서 제시

한 표는 미국에서 조사된 것으로 언급된 DLH나 DSH는 한국 국적이 아니고, 미국 국적입니다.) 그러므로 훌륭한 집사라면 정보는 참고하되 자신의 고양이 상사를 파악하고 이해하는 일을 게을리하지 말아야 합니다.

나도 집사가 될 수 있을까?

집사로 취업해서 고양이 상사와 동거를 시작하는 것은 당신의 집에 단지 고양이와 고양이 화장실만 추가가 되는 것을 뜻하지 않습니다. 상상보다 더 삶에 다양하고 광범위한 변화가 생기게 된다는 사실을 명심하셔야 합니다.

고양이 상사와 함께 하는 아침은 달콤하고 고요한 당신의 수면을 다소 거칠게 무너뜨립니다. 당신이 자고 있든 깨어 있든 조식을 내오라고 호출하는 고양이 상사의 부름으로 강제 기상하게 될 것입니다. 당신이 어디에 가든 자신의 존재를 잊지 않도록, 옷 어딘가에는 늘 자신의 털을 남겨 놓을 것이랍니다. 또한 스스로보다는 고양이 상사의 간식, 장난감 등을 구매하는 데에 더욱 더 열정적인 관심과 비용을 투자하게 될 것입니다.

퇴근 후 지친 몸을 이끌고 집으로 돌아왔을 때도 화장을 지우기도 전에, 고양이 상사의 화장실 청소를 먼저 하게 될 수도 있습니다. 잠자리에 들 때도 고양이 상사가 당신의 가슴에 올라 앉는 바람에 밤새 답답함을 느끼며 잠을 청하게 될 수 있습니다.

하지만, 고양이 상사는 지친 당신을 위해 정성이 담긴 꾹꾹이로 마음의 피로를 풀어 줄 것이며, 기분이 가라앉았을 때는 골골송을 불러 기운을 북돋아 줄 것입니다. 부드럽게 몸을 비벼 차갑게 굳어 버린 당신의 마음을 따뜻하게 보듬어 줄 것입니다.

고양이 상사와 함께하는 삶은 그들의 털처럼 포근하며, 맑은 눈동자처럼 순수하고 아름다운 추억을 만들어줄 것입니다. 정말 준비가 된 당신이라면 이제 취업하는 일만 남았습니다. 과연 집사 준비생들은 어떻게 면접에 임하면 좋을까요? 다양한 유형을 통해 알아봅시다.

성인이 되지 않은 집사 준비생

어린 나이에 집사 취업을 준비하다니 실로 의젓합니다. 다만, 아직 성인이 아니라면 학업이나 친구 관계 등 스스로에게 투자할 시간도 너무 부족 합니다. 미래에 대한 고민도 많을 것이며 앞으로 다가올 변수가 너무나도 많이 존재합니다. 어쩌면 아이

돌이 되어 전 세계로 공연을 다닐 수도 있고, 심지어는 아프리카로 날아가서 사자 같은 야생동물을 치료하는 수의사가 될 수도 있습니다. 어쩌면 집사로서 역할을 다하겠다는 처음 의지와는 달리 부모님이 실질적인 집사의 역할을 수행하는 아쉬운 일이 많이 발생하기도 합니다. 부모님도 고양이에 대한 사랑이 지극한가요? 가족 전체가 고양이 상사의 팬클럽으로 집사가 되고 싶어 하나요? 그렇지 않다면 집사 취업은 정신적으로나 금전적으로 독립을 한 이후로 미루어도 늦지 않습니다.

때로는 성장하는 자녀가 너무나 고양이를 좋아한다는 이유로, 또는 자녀에게 책임감을 키워주겠다는 교육의 목적으로 고양이를 입양하는 경우도 종종 있습니다. 하지만 고양이 상사를 가족으로 맞이할 때는 자녀만 고려해서는 안 됩니다. 스스로도 집사가 되기를 진심으로 원하는지 생각해 보아야 합니다. 책임감을 무럭무럭 키워나가는 사람이 아닌, 이미 충분한 책임감을 갖춘 사람이 고양이 상사와 함께해야 한다는 것을 헤아려 주세요.

아직 싱글인 집사 준비생

고양이 상사는 여러분이 이성 친구가 없거나, 결혼 적령기를 넘겼다고 해도 외로움이 찾아오지 않게 여러분을 돌봐 줄 것입니다. 급식, 놀이 및 화장실 청소 등 적당한 양의 업무를 안배해 줄 테니까요. 하지만 집사는 삶을 살아가면서 이성이든 동성이든 상관없이 사랑하는 사람이 생기게 될 것입니다. 집사라면 연인 혹은 배우자를 만난 미래도 생각해보셔야 합니다.

고양이 상사와 함께하는 삶은 집사 자신뿐 아니라 집사의 가까운 관계의 사람들의 삶에도 영향을 줄 수 있습니다. 그러니 솔로인 집사 준비생은 미래의 연인이나 배우자가 고양이 털에 알레르기가 없기를 기도해야 합니다. 호감이 가는 상대가 생겼다면 집사 신분을 당당히 밝히고 상대방이 고양이를 좋아하는지, 집사 취업에 관심 있는지, 혹은 고양이 상사의 털에 알레르기가 없는지를 확인하도록 합시다.

미혼인 집사라면 미래의 배우자와 가족들에게 고양이와 함께 살아간다는 것에 대해 충분히 공지하고 교육과 조율 및 협의를 거쳐야 합니다. 결혼 후에도 집사로의 직무는 수행되어야 하므로 사전 준비는 꼼꼼할수록 좋습니다. 그러니 마음에 드는 상대가 있다면, 첫 고백을 이렇게 하면 어떨까요?

"저, 고양이 좋아하세요? 같이 집사 취업하실래요?"
"나랑 고양이 보러 가지 않을래~?"

2세 계획이 있는 사내 집사 커플

'톡소플라스마증'을 알고 계시나요? 고양이 세포 내에 기생하는 원충(Protozoa) 중 하나인 톡소플라스마곤디(Toxoplasma gondii)의 감염으로 발생하는 질병으로 사람과 동물 모두에게 발병하는 인수공통전염병입니다. 감염되더라도 건강한 정상인에서는 무증상을 보이나, 면역이 저하된 사람에서는 감기와 유사한 증상이 나타납니다. 심하면 혼수상태와 사망에 이를 수 있고, 특히 아이를 가진 임부라면 유산할 수도 있는 질병입니다. 이러한 특성으로 인해 불과 얼마 전까지만 해도 집사가 임신하면 고양이 상사를 다른 가정으로 전출시키나, 최악의 경우 일방적으로 해고(유기)하는 상황이 벌어지기도 했습니다. 그러나 톡소플라스마증은 다음의 세 가지 이유로 더는 두려움의 대상이 아닙니다.

첫째, 톡소플라스마는 날고기나 쥐를 사냥하는 고양이에게서만 감염됩니다. 그러니 대부분 사료를 먹고 사는 오늘날 고양이 상사에게는 해당되기 어렵습니다. 생식이나 가정식을 하는 경우라도 믿을 만한 재료를 사용하여 안전하게 조리하면 걱정할 필요 없습니다.

둘째, 이 질병은 대변을 통해 전염됩니다. 따라서 마음이 놓이지 않는다면 맨손으로 고양이 대변을 만지지 않으면 됩니다. 캣맘으로 근무 중에 임신한 집사라면, 만일의 경우를 대비해 고양이들의 식사를 챙길 때 위생에 신경을 쓰고 손도 잘 씻

는 것이 좋겠습니다.

셋째, 고양이가 톡소플라스마에 감염되었다 해도 평생 한 번만 그것도 감염된 뒤 2주 후에 2주 동안만 낭포체를 배출합니다. 또한 이 낭포체는 1~3일이 지나 포자가 되기 전까지는 감염력을 가지고 있지 않습니다. 감염될 수 있는 기간이 한정된 것이죠. 만약 집 밖의 고양이 상사에게 길거리 캐스팅이 된 집사라면 동물병원에 방문해 톡소플라스마곤디 감염 여부를 확인하여 혹시 모를 위험을 줄일 수 있습니다. 그러니 아이를 가질 예정이 있는 집사 가정이더라도 집사 직무 수행에 대해 고민하지 않아도 될 것입니다.

대신 따로 준비해야 할 사항이 있습니다. 바로 고양이와 아기의 동거에 대한 것입니다. 고양이 상사가 아기에게 공격적으로 행동할 가능성은 드물지만, 과도하게 스트레스를 받거나 또는 특수한 이유로 인해 불행이 시작될 수도 있습니다. 또한 아기가 자라면서 아장아장 걸어 다니기 시작하면 민감한 수염이나 꼬리를 잡아당기는 행동을 할 수도 있고 심지어는 고양이를 따라 높은 곳에 오르겠다고 책상이나 서랍장을 올라가는 등 위험한 행동을 할 수도 있습니다.

고양이에게는 아기 집사와의 동거로 겪게 될 변화를 시각(공간), 청각 및 후각을 통해 미리 소개해 줄 필요도 있습니다. 고양이는 우리와 다른 감각의 세계에 살고 있다는 것을 기억해야 해주세요. 예를 들면 아기용품들이나 가구를 들여놓는 과정에서 집안 구조가 갑자기 바뀌면 당황할 수 있습니다.

새 식구인 아기 울음소리에 놀랄 수 있으니, 미리 녹음된 아기의 울음소리나 아기가 사용할 장난감의 소리 등 청각적인 요소를 고양이 상사에게 들려주세요. 아기 집사가 사용할 담요나, 베이비파우더 등 새로운 냄새에 대해서도 미리 경험 시켜 주는 것이 좋습니다. 물론 아기 집사의 영향을 피해 혼자만의 망중한을 즐길 수 있는 전용 휴식공간을 준비해주는 것도 좋습니다. 고양이 상사도 우리와 마찬가지로 새로운 가족을 맞을 준비를 해야 하는 것이지요. 가장 중요한 것은 고양이 상사가 자신에게 쏟아지던 사랑과 관심이 사라져 소외되었다고 느끼지 않을 수 있도록 배려해주는 것 아닐까요?

한 가족의 단체 집사 취업

가장 완벽한 집사 채용 조건일 수밖에 없습니다. 다만 한 가지, 고양이 상사의 입장에서 보면 한 번의 면접으로 동시에 다수의 집사가 생기는 것이므로, 혼란스러워하거나 업무에 과부하가 걸릴 수 있습니다. 따라서 고양이 상사 혼자서 온전한 휴식 시간을 갖도록 돕는 일이 아주 중요합니다.

고양이는 일상의 대부분을 휴식 시간으로 보냅니다. 이런 고양이에게 쉴 틈을 주지 않고, 애정 어린 시선을 발사하며 쳐다보고, 계속해서 놀이를 제안하고, 너도 나도 간식을 대접한다면 만성 피로 및 과식 등으로 힘들어 할 수 있습니다. 가끔은 주말 동안 집사들의 넘치는 애정과 관심에 시달려, 월요일마다 번아웃 증세를 보이는 고양이 상사가 있다고도 합니다.

그러니 집사 간의 업무시간 및 역할을 잘 분배해야 합니다. 급식 제공은 엄마 집사가, 놀이 제안은 아빠 집사가, 감자 및 맛동산 수확은 자녀 집사가 맡는 식으로 말입니다. 특히나 체중 조절이 필요한 고양이 상사라면 체형 변화를 확인하거나 식사량을 조절하는 데 있어 어려움이 생길 가능성이 높습니다. 한 집사가 이미 식사나 간식을 제공했어도 다른 집사가 또 챙겨줄 수 있습니다. 그러므로 체형 변화의 감지 및 확인에 대해서는 특정 집사가 업무를 맡아야 확인이 용이합니다. 간식이나 식사를 제공할 때는 집사 간에 확인할 수 있도록 '급식제공표' 등을 마련해 표시하는 방법이 있습니다. 고양이 상사를 모실 때는 업무 중복이나 혼란이 일어나지 않게 주의해 주세요.

실버 집사의 취업

실버 집사에게 반려동물이 주는 긍정적인 효과는 많이 알려져 있습니다. 실버 집사는 고양이 상사를 뒷바라지하는 과정에서 활동량이 증가하고, 고양이의 따뜻한 체온과 사랑을 느끼며 감정적으로도 안정하는 데 많은 도움이 된다고 알려져 있습니다. 실제로 반려동물의 삶은 노령의 집사들에게 건강과 관련된 도움을 준다고도 합니다. 고양이 상사의 골골송은 관절질환에 도움을 주파수 영역이라고 알려져 있다고도 합니다.

특히나, 실버 집사는 행동이 과격하거나 요란스럽지 않기 때문에 삶에서 안정성을 중요시하는 고양이 상사의 취향을 저격할 것이고, 일상 속에서도 좀 더 많은 시간을 고양이 상사와 보낼 수 있을 것입니다. 다만 주의할 점이 있습니다. 놀이를 선호하거나, 활동량이 너무 많은 품종의 고양이 상사를 만난다면 집사가 무리한 업무에 시달릴 위험이 있습니다. 그러니 실버 집사라면 취업 전에 고양이 상사의 특징을 잘 헤아리는 과정을 통해 자신에게 가장 맞는 고양이 상사를 만나는 것이 좋겠습니다.

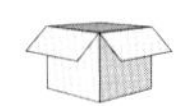

취업 후에도 삶은 계속된다

집사 취업과 면접은 다양한 경우와 방법으로 진행됩니다. 어떠한 방법이 가장 좋은 것이라 단언할 수 없으나, 모름지기 집사라면 면접 전 집사 취업 이후의 삶에 대한 계획도 있어야만 합니다. 물론 세상 모든 일이 계획대로만 이루어지는 것은 현실적으로 불가능하지만, 아무런 계획이 없는 것보다는 어느 정도 미래를 생각해 대비하는 것이 좋겠습니다.

편안한 홈오피스

한 집에서 근무하는 고양이와 집사

고양이 상사 취업에 가장 적합한 조건 중 하나입니다. 주로 실내에서 생활하므로 활력과 호기심을 충족할 수 있는 환경 풍부화에 힘써야 하고 동시에, 같이 동거하는 집사 또는 반려동물 간의 상호 관계에서 발생이 예상되는 사건이나 상황에 대하여 예방 혹은 조율을 할 수 있어야 합니다.

흔히 고양이는 독립적인 동물이라고 여기곤 합니다. 그래서 혼자서도 잘 지내리라 생각하는 사람이 많습니다만, 사실 독립적이라는 것은 혼자서도 잘 생존할 수 있다는 것이지 혼자인 것을 좋아한다는 것은 아닙니다. 더욱이 고양이 상사는 단독사냥을 하지만 자원(먹이, 잠자리, 짝짓기 상대)이 풍족할 때는 무리 지어 생활합니다. 때문에 동거하는 집사와의 교류가 잦을수록 더 행복할 수 있습니다. 그런 점에서 고양이와 집사 모두가 함께 집에 머무는 시간이 긴 경우 양쪽 모두 만족하는 경우가 많습니다.

다만, 고양이 상사는 집사와 함께하는 시간만큼 안전한 환경에서 갖는 휴식시간을 매우 중요하게 생각합니다. 적절한 위치에 푹신한 쿠션이나 숨숨집을 마련해 혼자서 쉴 수 있는 환경을 제공해 주세요.

내근직 고양이 상사는 외출이나 산책 없이 가정에서만 생활하는 것이 대부분입니다. 그러나 자연 상태의 고양이는 사냥에 많은 시간을 투자하였고 지금도 그때의 열정이 유전자에 새겨져 있습니다. 따라서 사라진 사냥 업무에 대한 보상으로서 충분한 놀이와 장난감을 제공하고 활동량을 보장해야 합니다. 시각적으로도 호기심을 충족시킬 수 있도록 창밖을 바라볼 수 있는 창가 주변에 순찰 공간 등을 제공해야만 합니다. 최근에는 텔레비전 등을 이용하여 자연 풍경이나 작은 동물들의 영상이나 소리를 고양이 상사에게 들려주는 경우가 있는데, 이 또한 좋은 방법입니다. 호기심과 활력을 유발하는 풍부한 환경 요소를 제공해 주세요.

사실 이렇게 집사 취업에 적절한 환경은 집사가 이중 취업을 통해, 다묘 가정이나 다종 가정으로 발전할 가능성 높습니다. 많은 반려동물과 생활하는 가정에서는 집사의 '워라밸'을 꼭 해두

어야 합니다. 동시에 반려동물들이 생활하는 데에서 발생하는 마찰이나 오해를 최소화할 수 있어야 하겠습니다. 하여, 실내에서 생활할 고양이 상사라 하더라도, 다른 고양이 상사나 다른 종의 동물에게 공포나 거부감을 느끼지 않도록, 천천히 그리고 조심스럽게 변화에 노출하는 것이 좋습니다. 반대로 새나 햄스터와 같이 자연 상태에서는 고양이의 사냥감이었던 반려동물을 들이는 경우라면 그동안 숨겨왔던 고양이 상사의 포식성 공격행동이 드러나 비극적인 상황이 발생하지 않도록 여러가지 예방 장치를 마련하는 것이 좋습니다.

나는 집을 돌볼테니 집사는 사냥해 오세요

내근직 고양이와 외근직 집사

고양이 상사의 집무 공간에 대한 안정성과 환경 풍부화 이 두 가지를 모두 충족할 수 있도록 힘써야 합니다. 집사 업무의 효율성을 극대화하기 위해서 다른 집사와 연대할 수 있다면 금상첨화입니다.

고양이 상사는 사회적인 관계를 형성하는 반려동물입니다. 하지만, 집사가 외부 활동을 하는 것을 고려한다면, 1인 집사 가정에서 집사가 고양이 상사를 보좌하는데 허락된 시간은 평균적으로 하루에 약 6~8시간 정도입니다. 집사의 일반적인 근무시간 8시간과 집사의 복지를 위한 수면시간 6~8시간을 고려했을 경우에 말이죠. 반면 고양이 상사가 집무 환경에 노출되는 시간은 24시간으로, 집사에 대한 영향보다는 집무 환경에 대한 영향을 많이 받을 수밖에 없습니다.

자연 상태에서 고양이는 사냥하는 포식자인 동시에 다른 동물에게 잡혀먹힐 수도 있는 피식자의 위치에 있습니다. 그렇기에 겁과 의심이 많고 안전 제일주의를 업무 신조로 삼고 있습니다. 집사들이 집을 비워둔 상황에서도 고양이 상사는 여러 가지 스트레스에 노출될 수 있습니다. 택배 기사님들이 문을 두드리거나, 초인종을 누르는 소리에 갑작스레 놀랄 수도 있고, 집 주변 공사 현장 소음 때문에 은신처에서 숨어 스트레스를 받을 수도 있습니다.

때문에 고양이 상사가 집 안에서 혼자 지내는 시간이 많더라도 주변의 소음 등에서 벗어날 수 있는 전용 휴게시설을 준비해둬야 합니다. 장롱이나 냉장고 위 같은 고양이 상사가 직접 선택한 장소가 될 수도 있고, 택배 상자를 이용할 수도 있습니다. 이런 휴게시설은 고양이 상사 전용이어야 한다는 점이 가장 중요합니다. 놀자고 조르거나, 귀여움에 참지 못하고 스킨십을 하는 등 고양이를 귀찮게 하는 상황이 발생하지 않도록 해주세요. 집사가 고양이 상사의 휴게 장소를 지정하거나 추천하려면 해당 장소에 간식이나 장난감을 가져다 놓아 그곳을 더욱더 선호하게 하는 노력이 필요합니다. 한 가지 팁을 드리자면 휴게 장소를 이동장으로 지정할 수 있습니다. 그러면 동물병원 방문이나 이사를 위해 이동장을 써야 할 때 고생을 덜어내는 효과를 얻을 수 있습니다.

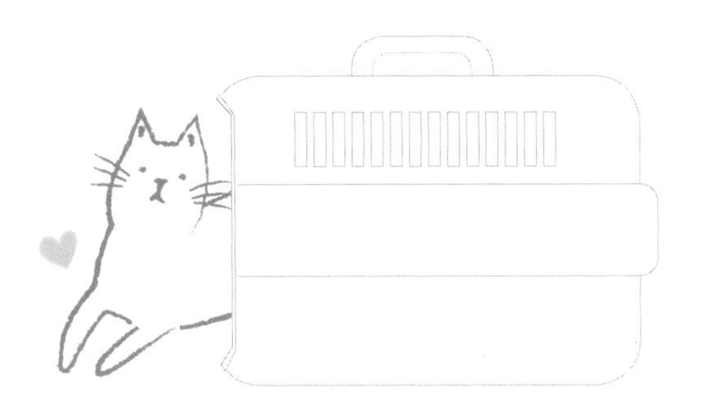

고양이 상사가 혼자 업무를 보는 시간이 길수록 안전사고에도 대비해야 합니다. 요즘 들어 뉴스를 통해 알려지는 것처럼, 고양이가 주방 조리대 위에 올라가 인덕션을 건드리는 바람에 화재사고가 일어나기도 합니다. 조리대 등과 같은 위험 구역 주변에 고양이가 물리적으로 접근할 수 없도록, 창의적인 장애물을 고안하는 것도 방법이 될 수 있겠으나, 고양이도 집사만큼이나 참신한 발상의 명수이며 워낙 균형감각과 신체 능력이 뛰어나다 보니 위험요소로의 접근을 금지하기보다는, 동시에 매력적인 장소를 따로 조성하는 것이 더 효과적입니다.

고양이는 공간을 수직적으로 활용하는 것을 선호합니다. 그러나 높은 장소만을 선호하는 것이 아니라, 다양한 높이의 장소를 이용합니다. 따라서 조리대에 자주 올라가는 행동을 한다면 조리대와 비슷한 높이의 캣타워 등을 제공해주고, 대체 공간에서 간식 등을 제공해 새로운 장소를 더욱더 매력적으로 느끼도록 배려합니다. 접근을 막기 위해 물총을 쏜다거나, 소리를 지르는 등 부정적인 반응으로 행동을 교정하려는 경우도 있습니다만 그런 방법은 효과를 보이기보다는 사람과 고양이 모두 스트레스를 받을 가능성이 높고, 심지어는 관계가 틀어질 수도 있습니다.

집사가 외근하는 동안, 고양이 상사가 늘 휴식만을 취하지는 않기 때문에 혼자 할 수 있는 놀이를 준비하는 것도 필요합니다. 최근에는 놀이용 퍼즐이라든지 간식 등을 담아서 놀 수 있는 장난감도 많이 시판되고 있습니다. 이런 장난감을 구비해두거나, 집사의 창의성을 발휘해서, 휴지심과 같은 일상사물을 멋진 장난감으로 변신시켜 보는 건 어떨까요?

혼자 지내는 고양이 상사를 위해 동료 고양이를 채용하는 것도 좋은 방법입니다. 하지만 서로 친해지지 않고 계속해서 다투거나, 가족이 되지 못하고 냉랭하게 불편한 동거를 할 수 있기에, 탁묘나 임시 보호를 통해 고양이 상사의 친화 가능성를 확인하거나, 합사에 대한 적응을 준비하는 것이 좋습니다. 나이가 어린 고양이 상사와 함께하게 될 경우에는, 집사 취업 처음부터 2마리의 고양이 상사를 입양하는 것도 하나의 방법이 됩니다. 어린 고양이는 활동력도 호기심도 많아 함께 자라면서 서로에게 좋은 가족이 될 수 있습니다. 특히나, 자연 상태의 고양이는 모계 중심으로 무리 지어 생활하는 경향이 있어, 처음부터 형제, 자매 혹은 남매(적절한 시기에 중성화 수술을 하는 것이 필요합니다) 고양이 상사를 입양한다면, 화목한 가족을 이룰 가능성이 높을 것입니다.

진정한 오피스 캣

회사에서 근무하는 고양이 상사

고양이는 가정에서만 근무하지 않습니다. 최근에는 반려동물 친화 사무실, 동물병원이나 공방 등에서 주거하는 고양이 상사도 자주 만날 수 있습니다. 이러한 환경에서 성장한 고양이 상사는 어린 시절부터 다양한 사람들과 자극에 노출되다 보니, 친화적이고 느긋한 성격을 가진 경우가 많습니다. 공공적인 장소에서 근무하는 고양이 상사는 활동적이고 호기심이 풍부해 지켜보는 여러 집사를 만족스럽게 하지만, 안전하고 즐겁게 생활하기 위해서는 같이 근무하는 집사 간의 협의와 약속은 물론 방문객들의 배려도 매우 중요합니다.

한 고양이 상사에게 여러 집사가 있는 상황이기 때문에, 고양이 상사가 집사들의 과도한 놀이 제안이나 중복되는 간식 제공에 시달리지 않도록, 서로의 역할 분담 및 규칙을 세우는 것이 중요합니다. 예를 들어, 고양이 상사의 조식은 처음 출근한 사람이 챙긴다거나, 요일별로 감자를 수확하는 담당자(화장실 청소 담당자)를 둔다는 등의 규칙들이 필요할 것입니다.

사람들의 출입이 많다 보니, 고양이 상사의 가출, 길을 잃는 상황 혹은 납치와 같은 안전상의 문제가 일어날 수 있습니다. 심지어는, 너무 의심이 없는 고양이 상사는 악의를 품은 사람들에 의해 화를 입을 수도 있기에, 고양이 상사의 전용 공간 준비만큼이나 출입 제한 지역에 대한 안전장치를 해두는 것도 중요할 것입니다. 출입문의 여닫히는 부분도 주의해서 고양이 상사가 안전사고를 당하거나 다치지 않게 주의해야 합니다. 또한 몇몇 뛰어난 지능과 평균 이상의 신체 능력을 가진 고양이 상사는 스스로 문을 여닫을 수 있기 때문에, 사람을 출입이 잦은 시간에는 고양이 상사가 사람들의 동선과 분리된 안전하고 고즈넉한 곳에서 쉴 수 있도록 해야 합니다.

고양이 상사에 대한 사람들의 다양한 의견이나 인식도 집사는 포용할 수 있어야 합니다. 어떤 사람은 오랜 시간이 지나도 고양이를 불편해할 수 있고, 고양이 상사와 가까이하면 콧물과 재채기가 멈추지 않을 정도로 알레르기를 가지고 있을 수도 있습니다. 고양이 상사의 복지만큼이나 같이 근무하는 사람 동료의 복지와 건강도 중요하기 때문에, 공동의 공간에서 고양이 상사가 채용되기 전에는 구성원 간의 충분한 협의와 이해가 있어야 하고, 이런 상황에서는 고양이 상사의 출입 제한 구역을 꼭 지정해야만 할 것입니다.

또한, 고양이 상사의 은퇴에 대해서도 충분한 계획을 세워야만 합니다. 고양이 상사가 노령이 되면, 젊은 시절보다 좀 더 섬세한 관찰과 관리가 필요하게 됩니다. 사무실에서 지내는 고양이 상사의 경우에는, 집사들의 퇴근 이후부터 다음 날 출근 시간까지, 또는 주말이나 긴 연휴 기간에는 오랜 시간 동안 혼자서 보내야 할 수 있을 것입니다. 심지어는 건강에 문제가 발생할 수도 있습니다. 하여, 같이 근무하는 집사들은 고양이 상사의 은퇴 계획을 세우는 것이 좋습니다. 은퇴 예정의 고양이 상사에 대한 집사 후보, 연금과 같은 은퇴 이후 지원에 대하여 집사들끼리 이야기를 해두도록 합니다.

이중 취업자의 삶

다묘 혹은 다종 가족

이미 고양이 상사와 함께하고 있는 집사가, 새로이 취업하는 경우가 있습니다. 이런 경우에서는 합사에서 발생할 수 있는 고양이 상사 간의 스트레스 최소화와 함께 새로운 동물 가족을 고양이 상사가 받아들일 수 있도록 배려해야 합니다.

집사의 새로운 중복 취업은 계획적일 수도 있고, 운명적인 사랑이나 상황에 의해 갑자기 벌어질 수도 있습니다. 합사에서는 천천히 적응할 수 있는 과정과 시간이 매우 중요합니다. 그러니 새로운 가족에 대한 채용을 당장 결정하기보다는 임시 보호와 같은 보완적인 과정을 거치는 것이 좋겠습니다.

이미 같이 생활하고 있는 고양이 상사가 매우 친화적이고, 느긋한 성격일지라도, 새로이 동거하게 된 반려동물에 매우 스트레스를 느끼거나, 공격적인 행동을 보일 수도 있습니다. 일단 처음에는 고양이 상사들이 서로 마주치지 않게 하는 것이 중요하고, 간접적으로 서로의 존재를 확인하면서, 새로운 변화에 대한 경계심이 호기심으로 바뀔 수 있는 충분한 시간과 방법을 지원해 주는 것이 중요합니다.

서로 공간적으로 분리된 상태에서, 후각적인 접촉을 먼저 진행하도록 합니다. 고양이 상사 각자의 체취가 묻은 담요나 장난감을 공유합니다. 상대방의 체취가 묻은 물건을 피하지 않고, 호기심을 보일 때까지 충분히 기다립니다. 이 과정을 일종의 명함 교환이라고 생각하면 좋을 것 같습니다. 명함(상대 고양이의 체취가 묻은 물건)을 방치하지 않고, 명함을 확인(냄새를 맡거나, 자신의 냄새를 묻히는 행동)하기 시작하면, 그 후부터는 간접적인 접촉(비대면 접촉)을 진행할 수 있을 것입니다.

간접적인 접촉은 공동의 장소를 번갈아 가면서 사용하게 하는 것입니다. 거실을 회의실이라 했을 때, 이 회의실을 각 고양이 상사들이 자신의 예약 시간에만 사용하게 한다고 생각해 주세요. 예를 들어, 오전에는 A 고양이 상사가, 오후에는 B 고양이 상사가 회의실을 이용하는 방식입니다. 이런 회의실 사용 방법을 고양이 상사들이 적응하게 되면, 살짝 열린 혹은 안전망이 설치된 출입구 사이로 서로를 슬쩍 살펴볼 수 있게 합니다. 이때 서로가 혹은 한쪽이라도 공격적인 행동을 한다거나, 스트레스를 받아 울음소리를 낸다면, 다시 회의실을 예약제로 사용하는 이전의 단계로 돌아가야 할 수도 있습니다. 만일, 고양이 상사들이 서로 수줍어하면서 관찰하기는 하지만 좀처럼 둘 사이의 간격이 좁히지 않는다면, 서로의 식기나 간식 그릇 등을 아주 천천히(하루 5 cm 정도씩) 가까이 하게 하여 신체적인 거리가 가까워지도록 유도하는 방법도 있습니다. 물론 이 과정에서도 거부 반응을 보이면, 거부 반응이 보이지 않았던 마지막 거리의 단계로 돌아갑니다. 사람 사이에서도 서로가 금방 친해지기도 하지만 그렇지 않은 경우도 많습니다. 마찬가지로 합사에서도 끈기와 인내심을 갖고, 충분한 시간을 할애하는 것이 무엇보다도 중요합니다.

고양이 상사 간의 합사에 성공의 열쇠는 바로 충분한 비대면 접촉의 선행이라는 것을 집사는 명심해야 합니다.

인턴 혹은 유모로 취업하기

임시보호와 입양

'냥줍'의 시즌이 시작되면, 뜻하지 않게 갑자기 집사, 아니 유모로의 취업이 이루어지는 경우가 있습니다. 사실 홀로 혹은 형제들끼리 남겨진 고양이를 구조하는 일은 납치일 수 있습니다. 이런 정보는 집사들 사이에서 언급되며 이제는 몇 시간에서 하루 정도 엄마 고양이가 외출 중인지 확인하고 구조하는 사람들이 많아졌습니다. 다만 모든 사람이 이 사실을 알고 있지는 않습니다. 아기 고양이를 구조했다가 기를 수 없다고 판단해 다시 발견 장소에 되돌려 놓는 경우도 있고, 좋은 마음으로 동물보호센터에 연락을 취하는 경우도 있습니다. 아기 고양이를 구조하는 일은 구조가 아닌 엄마 고양이와의 생이별이 될 수 있으며 생명에도 위협을 줄 수 있기 때문에 매우 신중을 기해야 합니다. 가능하다면 집사력 9단의 지인에게 도움을 청하거나 조언을 구하는 것도 좋습니다.

아기 고양이를 구조할 때, 유모 경험 있는 집사라면, 단 몇 초 몇 분 동안, 그 다음 이루어질 단계들이 머릿속을 빠르게 지나갈 것입니다. 아기 고양이가 생후 며칠이 되었으며, 집이나 혹은 집 주변에 아기 고양이를 위한 분유나 젖병이 준비되어 있는지, 혹시나 집에 거주하는 고양이 상사에게 전염병을 옮길 가능성은 없는지, 아기 고양이들의 포유가 성공적으로 이루어진 후 입양 보낼 곳이 있는지? 이런 각 과정들에 대한 대책을 준비할 자신이 있거나, 도움을 줄 조력자가 있다면, 당신은 불쌍한 아기 고양이를 위한 유모로서의 면접 준비가 되어있다고 생각됩니다.

아기 고양이라 하더라도, 눈을 채 뜨지 못할 정도 어린 경우가 아니라면, 건강한 상태에서 집사들에게 쉽게 잡히지 않습니다. 2개월 정도의 고양이가 사람 손에 쉽게 구조되었다면, 하늘이 정한 운명의 상대이거나 영양 혹은 건강상태가 좋지 않은 경우가 대부분일 것입니다. 이런 경우에는 동물병원을 방문하여, 고양이 상사의 상태에 대해서 확인을 하는 것을 권해드립니다. 혹시나 집에서 이미 살고 계신 고양이 상사에게 전염병이나 기생충 등을 옮길 가능성에 대해서도 충분히 감안해야 합니다.

아기 고양이의 구조 이후 상황에 대한 시뮬레이션 이후, 아기 고양이가 아직 이유식을 먹지 못할 만큼 어리다면 인공포유를 진행해야 합니다. 이 때 절대 사람처럼 배가 위로 보이게 눕혀서 급여하면 안 됩니다. 또한 인공포유에서 가장 필요한 요건은 집사의 체력입니다. 2~4시간 간격으로 인공포유를 실시하고, 인공포유 이후에는 항문과 생식기를 마사지해 주어, 배변과 배뇨를 자극하도록 합니다. 또한 매일매일, 아기 고양이의 체중을 측정하여, 잘 성장하고 있는지 확인해야 합니다.

정성 어린 인공포유로 아기 고양이가 무사히 성장한다면 그동안 돌봐온 유모가 집사로 승진하기도 하지만 새로운 가정으로 입양 되기도 합니다. 유모 입장에서는 당연히 정성껏 인공 포유한 아기 고양이가 좋은 집사를 만나길 바랍니다. 그러나 입양처를 구하는 일은 쉽지 않으며 신중히 이루어져야 합니다. 최대한의 인맥과 다양한 경로를 통한 노력을 기울여주세요. 아기 고양이에게 묘연이 찾아와 새로운 가정을 찾는 데 성공하길 바랍니다.

사람 손에 자란 아기고양이는 엄마 고양이로부터 배워야 하는 스크래칭과 같은 고양이의 정상적인 습관을 잘 익히지 못할 수도 있습니다. 또한 적당한 놀이 방법이나 조절 강도에 대해서 배우지 못하여, 너무도 천진난만하게 집사의 손가락이나 발꿈치를 무는 것에 집착하는 등의 문제가 발생할 수 있습니다. 이러한 경우에는 집사는 고양이 상사의 가정교사로서의 역할을 부여받기도 합니다. 아기 고양이에게 '고양이다워지는 것'을 교육하는 것이죠. 이 부분에 대해서는 뒤에서 더욱더 자세하게 이야기 하겠습니다.

때로는 길에서 생활하던 엄마 고양이가 임신 상태에서 구조된 경우에서 태어난 아기 고양이를 입양하는 경우도 있습니다. 이 아기 고양이는 그야말로 실내정착묘 1.5세대에 해당하기 때문에, 포유시기와 사회화 시기를 사람과 함께 실내에서 보냈더라도, 사람이나 사람과 같이 사는 상황에 완전히 적응하지 않았을 가능성이 있습니다. 때로는 실내 생활 자체에 반감이 있을 수도 있다는 것을 감안해야 합니다.

한때는 가정에서 태어난 고양이 상사를 분양 받는 경우가 많았습니다. 엄마 고양이나 아빠 고양이에 대한 정보도 알 수 있고 아기 고양이가 이미 집안 생활에 적응이 되어 있는 상태이므로 집사에게나 고양이 상사에게나 가장 안정적인 형태의 만남이라고 생각합니다. 그러나 최근에는 고양이의 건강 유지와 무분별한 번식 예방을 목적으로 대부분 중성화 수술을 받기 때문에 예전보다 기회가 많지는 않습니다.

뼈대 있는 품종묘 상사 보좌하기

집사가 평생 꿈꿔온 이상형의 고양이 상사와 만나는 방법은 '펫샵' 혹은 전문 '캐터리(cattery)'를 통한 입양일 수도 있습니다.

'펫샵'에서는 다양한 품종의 고양이 상사가 집사를 채용하기 위해 기다리기 때문에, 한 눈에 집사의 마음을 사로잡는 고양이 상사를 만날 수 있다는 장점이 있답니다. 하지만, 아침 드라마의 운명적인 사랑이 알고 보니, '부모님의 원수의 자녀였다'거나 혹은 '이복형제였어'라는 극적인 반전이 있듯이, 이렇게 한 눈에 반하는 상황에는 주의해야 할 사항들이 있습니다.

보통 소아과에는 개학 이후에 감기 같은 전염성 질환으로 학생 환자들이 늘어나는 경향이 있다고 합니다. 새로운 가정에 입양 준비 중인 아기 고양이도 엄마와 헤어져서 낯선 공간에서 다른 아기 고양이들과 생활(각각 분리되어 있고 위생적으로 잘 관리되고 있더라고 하더라도, 전체 공간이나 돌보는 사람들을 공유하다 보니)하다 보니, 면역이 약해지곤 합니다. 따라서 아기 고양이의 일반상태와 활력을 잘 살펴, 건강한 고양이 상사를 만날 수 있도록 해야 합니다.

캐터리는 전문 사육가인 브리더(breeder)가 혈통을 관리하는 곳입니다. 엄격하게 관리가 이루어져 엄마나 아빠 고양이의 건강에 대한 이력이나 성격에 대한 정보를 파악해 입양할 수 있다는 장점이 있습니다. 집사가 좀 더 관심과 노력을 기울인다면, 자신의 고양이 상사와 형제 관계인 고양이를 입양한 가정과 소통할 수도 있습니다.

품종 고양이는 자신들만의 독특한 매력과 아름다움을 가지고 있으나, 그러한 형질을 고정하기 위해 특정한 혈통의 고양이 사이에서만 결혼이 이루어집니다. 그러다보니 유전적인 다양성이 적어지게 됩니다. 사람의 역사를 살펴보아도 근친혼을 했던 이집트 왕조나 합스부르크 왕가에는 유전병이 많이 발생했습니다. 품종 고양이에게도 같은 이유로 유전병이 발생합니다. 가족이

된 고양이 상사에게 가족력이나 품종에 의한 질환이 있는지 확인하고 건강관리에 있어 더욱더 신경을 써 주셔야 합니다.

“고양이 상사는 안전제일주의자이자

정해진 일상을 중요시하는 원칙주의자!”

Part
2

고양이 상사 파악하기

아이고,
너무 좁아
보이네…
뭔가
널찍한걸
사줘야
겠다
크어~
꽉
꽉

이거 봐, 응?
이게 훨씬 더 넓고
예쁘잖아~응?
일단 한 번
누워보라니깐?
뭘 모르네…

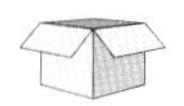

좋아하는 장소는 어디인가요?

기본 성향 알아보기

고양이 상사의 성격 분석은 혈액형에 따른 성격 분석과 같이, 고양이 상사의 다양한 성격의 이해를 위한 것이지, 절대적인 것이 아닌 것을 미리 밝혀 둡니다. 한 고양이 상사가 2가지 이상의 유형의 특징을 모두 나타낼 수 있기도 하고, 분류 유형에는 없는 독특한 성격을 가진 고양이 상사도 있습니다. 냥바냥, 즉 고양이마다 다르다는 사실을 기억해주세요.

우선 휴식공간(은신처)의 선호에 따라 그들의 성격을 분석해 보겠습니다. 이 분류로는 '덤불 속', '해변가', '나무 위' 세 가지로 나뉩니다. 이 유형은 미국의 고양이 대통령이라 불리는 '잭슨 갤럭시(Jackson Galaxy)'가 제안한 것으로, 고양이 상사의 집무실이나 휴게실을 꾸미는 데에 도움이 됩니다.

덤불 속 고양이

안전제일주의! 내향적인 고양이 상사

쇼파나 침대 아래 혹은 장롱 안에서 숨는 것을 좋아하는 고양이 상사들입니다. 절대적이지는 않지만 보통이 이런 고양이 상사들은 수줍음이 많습니다. 집사가 자신의 지인들을 집에 초대했을 때, 존재를 숨기고 있는 유령고양이가 이 유형에 해당하는 경우가 많다고 합니다.

나무 위 고양이

탐험가형! 호기심이 많은 고양이 상사

나무 위 고양이는 높은 곳을 올라가서 아래를 내려가 보는 것을 좋아합니다. 이런 유형의 고양이 상사들은 창가에서 지나가는 사람, 자동차나 새 들을 지켜보는 것을 좋아합니다. 자신감 있는 성격으로 외부 인원의 방문 시 스트레스를 받지 않고, 점잖은 자세를 취하고 눈을 마주치기도 하고, 아니면 먼저 다가와 친근감을 표현하기도 할 것입니다.

해변가 고양이

유유자적형! 경계심이 없는 고양이 상사

상당히 느긋한 고양이입니다. 너무 무방비한 상태인 것이 아닌가 생각되기도 하고, 새로운 사람의 방문이나 주변 환경의 변화에 아예 무관심한 것 같기도 합니다. 보통 이런 유형의 고양이 상사들은 개방된 공간에서 몸을 길게 늘어트리고 쉬는 것을 선호합니다.

다묘 가정에서는 고양이마다 휴식공간에 대한 선호가 각각 다를 때 합사에 도움이 되기도 합니다. 자연스레 동선과 공간이 분리되기 때문입니다. 새로운 고양이 상사가 임시보호 또는 입양되는 경우라면, 미리 휴식공간에 대한 유형 정보를 참고하는 것도 좋겠습니다.

업무 스타일은 어떤가요?

성격 알아보기

우선 외부의 방문에 대하여 대응하는 방식에 따라서 성격을 분석할 수 있습니다.

쾌활한 고양이 상사: '접대냥'이라고도 불립니다. 이런 유형은 집안에 집사의 친구가 방문하면 꼬리를 들고 마중을 나오기도 합니다. 또한 고양이 상사에게 익숙하지 않아, 쳐다보지 못하는 사람에게도 다가와 몸을 비비는 행동(뤄빙)을 해주는 여유로운 모습을 보일 수도 있습니다. 자신감이 있고, 호기심이 많은 타입입니다.

유령 고양이 상사: '유령 고양이 상사(유령냥)'을 모시고 있는 집사는 간혹 '정말로 고양이를 기르냐'라는 주변의 의심을 받기도

합니다. 고양이 상사가 '안전제일'을 신조로 삼고 있는 경우로 특히 엄폐능력이 신속하고 확실하여, 집사조차 숨어 있는 장소를 파악하지 못할 수도 있습니다. 숨어서 안정을 취하는 고양이 상사를 굳이 찾으려고 노력할 필요는 없습니다. 스스로가 안심하게 되면, 어느샌가 생활공간으로 복귀합니다. 반면 은신처가 발각되면, 공격 행동을 보일 수도 있습니다. 이런 안전제일주의를 가진 고양이가 다른 고양이와 동거하는 경우에는 개별적인 은신처의 준비뿐 아니라, 다른 고양이의 접근으로부터 대피할 수 있는 비상구를 은신처에 같이 준비해 주어야 할 수도 있습니다.

차갑고 도도한 고양이 상사: 차갑고 도도한 고양이 상사는 외부 인원의 방문에 크게 신경을 쓰지 않습니다. 굳이 피하지는 않지만, 굳이 호기심을 보이지도 않습니다. 자신의 명상이나 휴식과 같은 고유 일정에 충실하며, 여유로워 보입니다. 이 타입의 고양이 상사는 집사에게도 크게 의지하지 않는 듯 보여, 묘생 9회차나 혹은 작은 사람이 고양이 탈을 쓰고 있는 것은 아닐까 생각되게 합니다.

놀이는 고양이 상사의 주요 업무입니다. 따라서 그들이 좋아하는 장난감에 대한 선호에 따라서도 성격을 분석할 수 있습니다.

고양이에게 놀이라는 것은 그들이 생존을 위해 매일매일 집중하던 사냥이 대체된 것으로, 장난감에 대한 선호는 어떠한 사냥감을 선호하는 것과 직접적인 관계가 있습니다. 자연 상태에서의 고양이는 '톰과 제리'처럼 쥐만을 쫓아 다니거나, 생선 가게만을 기웃거리지 않습니다. 사실 바닷가에서 살던 고양이를 제외하면 고양이가 생선을 먹기 시작한 지는 얼마 되지 않았습니다. 주변에서 더 쉽게 구할 수 있는 다양한 동물들을 사냥하였습니다. 그 때문에 고양이 상사마다 선호하는 장난감(사냥감)도 다양하게 나누어집니다.

설치류 사냥형: 장난감의 크기, 촉감, 위치에 호기심을 느끼는 고양이로 자그마한 인형을 물고 다니거나 이런 장난감을 선호합니다. 인형을 물고 터는 행동을 하기도 하며, 가지고 노는 인형은 늘 해체되어 채워져 있는 솜이 삐져 나오기 일쑤입니다. 자신보다 약간 작은 장난감이나 인형은 물고 양앞발로 꼭 쥔채로 뒷발로 차는 행동을 하기도 합니다. 이런 유형은 혼자서 가지고 노

는 장난감으로도 자발적으로 놀이를 하기 때문에 집사의 놀이에 대한 부담이 적습니다. 그러니 장난감을 어딘가에 숨겨 놓거나, 매번 위치를 바꾸어서, 고양이 상사의 호기심을 자극하도록 합니다.

조류 사냥형: 장난감의 움직임을 중요시하는 고양이입니다. 채텅링을 하는 고양이에게서 많이 볼 수 있습니다. 깃털 형태의 장난감을 선호하며, 낚싯대 형태의 장난감을 눈높이 약간 위에서 흔들어 주면 관심을 보입니다. 집사는 고양이 상사의 놀이에 집중하여, 장난감이 최대한 자연스러운 동물의 움직임처럼 보일 수 있도록 합니다.

이런 장난감은 고양이의 눈앞에서 놀이를 시작하는 것보다는 고양이의 시선이 머무는 곳에서 움직여서 관심을 보인 고양이가 다가와서 놀이에 참여하게 합니다. 놀이의 포인트는 잡힐 듯 잡히지 않게 하는 밀당!

곤충 사냥형: 소리와 반짝거림을 사랑하는 고양이 상사입니다. 바스락거리는 작은 소리도 선호합니다. 꼬치 형태로 집사가 흔들어주는 장난감이나 레이저 포인터 등을 이용하여, 작은 움직임을 만들어 주면 좋습니다. 이 타입의 고양이가 고층의 아파트에서 거주하는 경우, 도로 위 차량의 행렬을 지켜보는 것을 즐길 수도

있습니다. 이런 곤충사냥 놀이에는 작은 크기의 간식이 함께한다면, 놀이에 대한 흥미와 성취감을 더욱더 올려 줄 수 있을 것입니다. 예를 들어 미리 작은 크기의 간식을 숨겨 두었다가, 레이저 포인터를 간식이 있는 자리에 비추어 고양이가 스스로 간식을 찾아먹을 수 있게 한다면 '실체'가 없는 '레이저 포인터'로 하는 놀이에 오래도록 흥미를 느끼게 할 수 있을 것입니다.

오늘 그들의 기분은?

표정과 몸짓 읽기

집사들마다 기분이 좋아지는 이유와 포인트는 다양합니다. 어떤 집사는 친구를 만나서, 다른 집사는 혼자 영화를 보면서, 특이한 사람의 경우에는 누군가를 골리는 것을 통해 기분이 좋아질 수도 있습니다. 마찬가지로 고양이 상사마다 기분에 대한 영향을 주는 요소는 휴식일 수도, 놀이일 수도 혹은 간식일 수도 있습니다.

또한 즐거움을 표현하는 경우에 있어서도, 크게 박장대소를 하는 타입, 옅은 미소를 짓는 타입 혹은 돌아서 실소를 하는 타입 등 성격에 따라 여러 가지 타입이 있습니다. 마찬가지로 고양이 상사들도 자신의 기분을 표현하는 방법이나 정도는 각기 다를 듯 하지만, 일반적인 고양이 상사의 기분 표현에 대해서 알아보도록 하겠습니다.

얼굴 표정

눈과 수염으로 표정을 읽어봅시다. 동공이 확대되면 다소 긴장한 것으로 방어 중임을 나타냅니다. 반대로 동공이 수축되면 대체적으로 편안한 상태라고 보시면 됩니다. 수염은 집중도를 나타냅니다. 수염이 앞으로 쏠릴 때는 공기의 흐름과 물체를 감지하는 경우입니다. 더 많은 정보를 얻기 위한 몸짓이죠. 그래서 호기심을 나타내지만 반대로 공격 전 상대를 읽기 위해 수염을 앞으로 모으기도 합니다.

이번에는 귀 모양으로 알아보겠습니다. 고양이가 편안할 때는 귀가 위로 살짝 올라가고 방향은 옆으로 향합니다. 만약 귀가 위로 올라갔지만 앞을 향하고 있다면 경계 중이거나 화가 났다는 표시라는 점! 때로는 양쪽 귀가 다른 방향을 가리키기도 합니다. 이때는 앞뒤로 어떤 행동을 하고 있는지 맥락적으로 이해해야 합니다. 진행되고 있는 어떤 현상에 대해 집중하느라 귀 방향이 달라진 것이니까요. 만약 귀가 납작하게 옆으로 젖혀졌다면 무섭고 불편한 기분을 나타내는 것입니다. 완전히 뒤로 젖혀진 귀는 공격 대비 중인 것으로 고양이가 안심할 수 있게 해주세요.

그런데 집사를 간혹 혼동스럽게 하는 표현 중 하나가 바로 귀를 뒤로 접는 것입니다. 이는 다른 동물과의 싸움에서 귀를 보호하기 위한 행동이기도 하지만, 기분이 좋거나 무언가를 기대할 때도 하는 행동입니다. 위협을 느끼거나 매우 기분이 안 좋은 상태에서는 귀를 뒤로 접더라도 시선은 전면을 똑바로 응시합니다. 반면 기분이 좋은 경우에서 귀를 뒤로 접은 경우에는 눈을 감거나 얕게 뜬 상태로 기분 좋은 가르릉 소리를 내기 때문에 쉽게 구분이 됩니다.

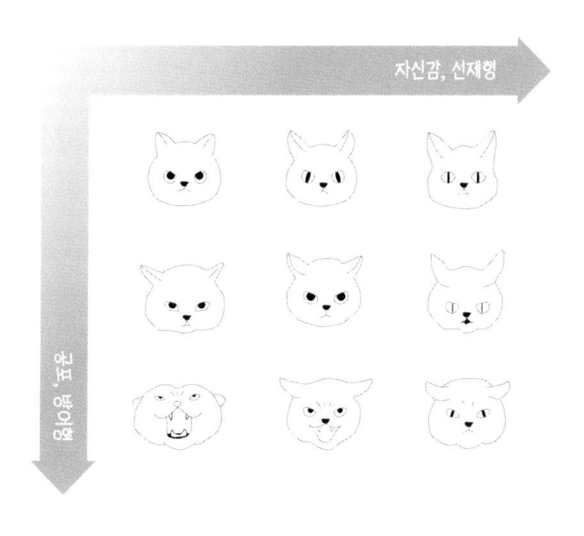

몸의 자세

몸의 자세로는 공격 여부를 읽을 수 있습니다. 아래 표를 볼까요? 'Dominance Signals'는 먼저 공격하겠다는 의지를 나타내고

'Submissive Signals'는 가까이 오면 공격하겠다는 의지를 나타냅니다.

Dominance Signals	Submissive Signals
귀를 위쪽, 옆쪽으로	귀는 아래/뒤쪽으로
꼬리는 ↴	꼬리는 아래로
머리를 두리번	머리는 아래로
노려보고	눈을 피하고
뒷다리는 신장되고 뻣뻣해짐	웅크리고
접근한다	배를 보이기도 한다

꼬리도 고양이의 감정을 이해하는 데 있어 중요한 요소입니다. 우선 빳빳하게 올린 꼬리는 자신감과 기분이 좋다는 것을 표현합니다. 때로는 끝부분만 살짝 구부러져 있기도 합니다. 고양이가 반갑게 인사를 건네는 것이니 함께 인사를 건네보는 건 어떨까요? 꼬리가 반쯤 내려왔다면 아직은 우호적이지만 무엇인가 경계하며 살피는 중입니다. 만약 꼬리가 아래로 푹 내려왔다면 방어의 자세로 무언가를 두려워하고 있거나 혹은 무엇인가를 고민하고 있는 것입니다.

집사라면 꼬리가 복어처럼 빵빵하게 부푸는 경우를 본 적이 있을 것입니다. 이는 방어를 준비하는 것으로 무엇인가에 놀랐

음을 나타냅니다. 마지막으로 파르르 떠는 꼬리는 신남을 꼬리를 탁탁 바닥에 내리치는 행동은 불만과 화를 나타냅니다.

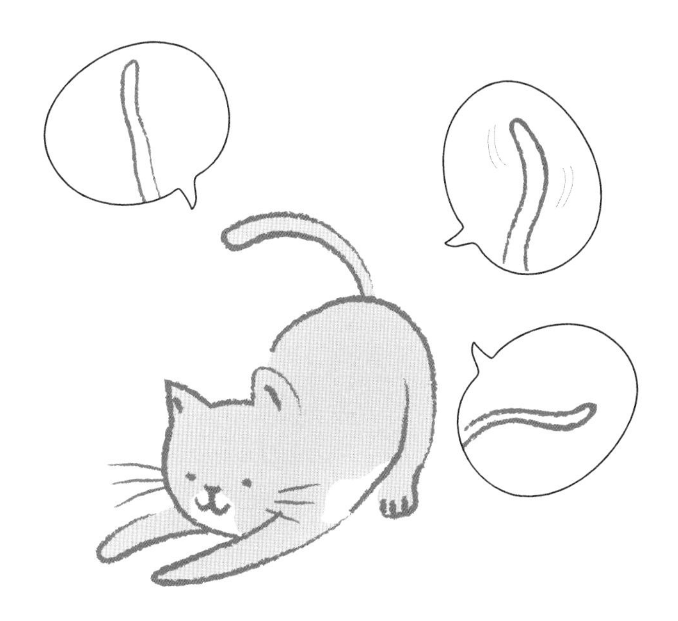

고양이 상사의 업무 순서는?

생활 루틴 관찰하기

"평상시 업무의 순서나 횟수가 달라진다면,

고양이 상사의 몸과 마음에 어떤 변화가 있는지

잘 살펴야 합니다."

고양이 상사는 일정을 잘 지킵니다. 공간에서 대해서 안정성을 중요시 하는 만큼이나, 시간에 대해서 규칙적인 것을 선호합니다. 이런 고양이 상사의 업무 루틴의 패턴이나 횟수의 변화가 보인다면 고양이 상사의 정신적인 스트레스나 신체적인 질병의 징후일 수 있으므로 유의해서 관찰하도록 합니다.

1) 기상 후의 루틴

① 스트레칭: 근육의 완화시켜 줍니다.

② 하품: 신선한 공기를 폐로 보내주고, 폐용적을 확장해줍니다.

③ 그루밍: 세수하는 것과 같습니다. 노폐물의 제거 효과 뿐 아니라 수염을 깨끗하게 하여, 외부로의 정보를 더욱더 효율적으로 수집할 수 있게 합니다.

④ 스크레칭: 어깨와 등의 근육 완화시켜 준다.

2) 식사 이전의 루틴

식사 전에 하는 행동은 사냥할 때의 순서와 동일합니다. 식사 이전의 루틴은 고양이 상사의 놀이 방법을 이해하는 데에 도움이 됩니다.

① 노려보기(탐색하기): 사냥감을 탐색할 때 하는 행동과 동일합니다. 꼬리를 세우고 흔들기도 합니다.

② 덮치기: 점프하여 앞발로 누릅니다.

③ 앙발로 치거나, 물고 흔들기: 식사 전에 사료 알갱이를 가지고 노는 고양이를 발견할 수 있습니다. 또한 사료를 입에 물고 흔들어 여기저기 떨어트리는 행동을 하는 고양이도 많습니다.

의식주보다 희식주

이어서 고양이 상사의 가장 중요한 업무인 놀이에 대해 알아보겠습니다. 사람의 삶에서 중요한 것이 의식주라면, 실내에서 사는 고양이의 삶에서는 희(戱, 놀이)식주가 중요한 요소입니다.

	이동	사냥	식사	그루밍	휴식	수면
Farm cats*	3%	14%	2%	15%	22%	40%
Caged cats**	3%	1%	1%	10%	25%	60%

* 목장에서 생활하는 고양이 혹은 시골 고양이(외출냥)
** 실내 고양이 혹은 도시 고양이(집콕냥)

왼쪽의 표는 고양이는 농장에서 사는 실외 생활 고양이와 실내에서 생활하는 고양이의 업무 시간표 비교입니다. 실외 생활을 하는 고양이는 사냥에도 많은 시간을 할애하지만, 실내에서 생활하는 고양이 상사는 사냥이 필요 없기 때문에 활동량이 적어 질 수밖에 없습니다. 하여, 실내 생활을 하는 고양이는 사냥에 투자하는 시간을 놀이시간으로 대체해야 합니다.

1) 사냥과 놀이의 상관 관계

엄마 고양이 젖을 빨리 뗀 고양이가 사냥행동과 놀이 행동을 보이고, 이유기가 끝날 즈음(즉, 사냥을 시작해야 하는 즈음)에 놀이행동을 많이 합니다. 따라서 사냥과 놀이 사이에는 긴밀한 관계가 있다고 보여집니다.

때문에 장난감은 사냥감의 특성과 같이, 움직이거나, 고양이가 치거나, 누르는 행동을 할 수 있어야 하고, 심한 경우에는 부셔지며 마지막에는 간식과 같은 포상으로 끝나는 것이 좋습니다. 특히나 레이저 포인트 등으로 놀이를 한 경우에는 실제적인 실체가 없기 때문에 금새 싫증을 낼 수 있으므로, 레이저 빔을 쫓아 다니다가 마지막에는 작은 크기의 간식이나 사료 알갱이를 발견하게 하여, 곤충을 사냥하는 것과 유사한 상황을 만들어 주도록 합니다.

2) 고양이 상사의 활동량이 가장 활발해지는 시간

고양이는 흔히 알려진 것처럼 야행성이나 여명행성(새벽)이 아닙니다. 박명박모성 동물(Crepuscular)로, 사냥감인 작은 동물들이 가장 왕성하게 행동하는 해뜰녘과 해질녁에 활동하는 동물입니다. 물론, 현대의 고양이는 집사의 생활 패턴에 맞추어 집사의 출근 전이나 집사가 집에 와서 휴식을 취하는 시간에 활동량이 많아지고 놀이 제안을 하는 경우가 많습니다. 만일 매일같이 한밤 중에 '우다다'를 하는 고양이라면 고양이는 '야행성'이니 어쩔 수 없다고 포기하기 보다는, 그 고양이 상사의 일정표가 틀어진 이유를 찾아보도록 합니다. 어떤 고양이 상사들은 늦은 밤 시간에만 집사를 만날 수 있다고 생각하여, 집사와 놀이 시간을 갖기 위해, 밤에 더 활발한 모습을 보이기도 합니다.

3) 놀이 횟수와 시간

고양이의 활동량에 따라 다르지만, 하루 2~3회 10~20 분 정도를 기준으로 합니다. 자연 상태에서 고양이는 8~12회 정도의 사냥을 하지만, 놀이 횟수가 사냥 횟수랑 꼭 동일할 필요는 없습니다. 횟수보다 중요한 것은 집사가 얼마나 집중해서 재미있게 놀아주냐 입니다. 한 손에는 스마트 폰, 한 손에는 장난감을 가지고 노는 무성의한 태도는 놀이에 대한 흥미를 저하시킬 수밖에 없습니다. 집사는 틈틈이 자연 다큐멘터리를 시청하거나, 자연 상태의 작은 동물이나 곤충의 움직임을 관찰하여 놀이 업무 능력을 높일 수 있습니다. 장난감의 움직임이 실감 날수록 고양이 상사는 더욱 즐겁게 반응할 것입니다.

4) 장난감

자연상태의 고양이는 설치류와 같은 작은 포유류, 조류, 파충류, 양서류 및 곤충을 사냥합니다. 즉 고양이 장난감은 다양할수록 좋고, 그 중에서 고양이가 유독 흥미를 느끼는 것을 찾아야 합니다. 또한. 특정 장난감이 부서지고, 흥미를 잃을 때까지 가지고 놀아주기 보다는, 요일마다 다른 형태의 장난감을 준비해야 놀이에 대한 흥미를 계속 유지 할 수 있습니다.

특히나, 실외에서 생활하던 고양이가 실내에서 생활을 시작한 경우라면 사냥감과 유사한 장난감(깃털 등)에 더욱 큰 관심을 보일 것입니다.

5) 스크레칭(발톱 긁기)

발톱을 긁는 스크레칭 또한 고양이 상사의 중요한 업무입니다. 스크레칭은 고양이의 주요 본능 중 하나로서, 건강을 관리하는 기능을 합니다. 우선 스크레칭을 통해 발톱의 겉껍질이 제거되고, 안에서 자란 새로운 발톱 껍질로 대체됩니다. 스크레칭을 충분히 하는 고양이는 굳이 발톱정리를 해주지 않아도 됩니다. 스크레칭 과정에서 근육이 이완되므로 어깨와 등의 피로를 푸는 데도 도움이 됩니다.

스크레칭은 영역을 표시하는 행위이기도 합니다. 자연 상태에서 일어서서 하는 스크레칭을 한 흔적은 고양이의 체격과 발의 크기를 가늠하게 하기도 합니다. 발바닥에서 분비되는 페로몬을 남겨, 후각적인 표시를 합니다. 시각과 후각을 모두 사용하게 만듭니다.

고양이 상사가 스크레칭을 통한 건강관리 및 영역표시의 효과를 보기 위해서, 또는 고양이 상사의 스크레칭으로부터 집사의 벽지, 소파나 최애 가죽 가방을 보호하기 위해서, 취향을 존중해 고른 스크레쳐가 필요합니다. 다음은 스크레쳐 선택 시 고려되어야 하는 사항들입니다. 상사의 취향에 맞춘 스크레쳐로 센스를 발휘해 봅시다.

- 스크래쳐의 크기

고양이가 몸을 쭉 폈을 때의 몸길이와 같거나, 약간 더 길어야 합니다.

- 스크래쳐의 재질

가죽: 시중 판매되는 가죽 스크래쳐가 있지는 않지만, 쇼파나 가죽 가방에 스크래치를 하는 경우에는 별도로 준비해야 할 수도 있습니다. 집사는 자신의 명품 백을 고양이 상사로서부터 지키기 위해서 대신 긁을 수 있는 인조 가죽 등을 준비하도록 하고, 특히나 고양이 상사와 명품 가죽 소파는 양립할 수 없는 것임을 마음속 깊이 받아들여야 합니다.

종이: 택배 상자를 적극 활용하도록 합니다.

사이잘삼실: 캣타워 기둥에 감겨져 있는 밧줄 같은 것이 이것입니다. 튼튼하지만 영구적인 것은 아니고, 스크래칭에는 냄새

를 묻히는 기능도 있기 때문에, 주기적으로 교체해 주어야 합니다. 교체 시에는 기존의 사이잘삼실을 조금 남겨두어, 새로운 사이잘삼실에 낯설어하지 않도록 합니다.

천: 집사의 커튼을 보호하고 싶다면, 혹은 커튼에 매달린 무게감 있는 고양이 상사에 의해 커튼이 부서지는 참상을 보고 싶지 않다면, 고양이가 천에 대하여 관심을 보이지 않도록 어린 시절부터 주의를 기울여 '커튼을 건드리지 않는 약속'을 맺어두어야 합니다. 아니면 가장 좋아하는 천 재질을 찾아내어, 다른 천보다는 선호하는 천만 이용하도록 유도하는 것도 방법입니다.

코르크: 넓은 코르크판에 스크레칭을 하는 것을 좋아하는 경우도 있습니다.

목재: 저의 고양이 상사 중 한 분은 원목 가구를 긁는 것을 선호합니다. 이 책을 읽으시는 집사님 중에도 저와 같은 고민을 하시는 분이 있으리라 생각됩니다.

- 스크레쳐의 형태

스크레처는 크게 기둥 형태인 것과 판 형태인 것으로 나누어 집니다. 기둥은 잘 고정해 타고 올라가게 할 수 있고, 판 형태는 바닥에 두거나 벽에 붙이거나 문에 걸어둘 수 있습니다. 각 스크레처의 특성을 이용해 다양한 각도로 준비해 보세요.

- 스크래쳐의 위치

고양이는 수면 이후나 식사 이후 스크래칭을 하는 경향이 있으므로, 식사 장소나 휴식 장소 주변에 근접한 곳이 좋습니다. 스크래쳐의 수는 많을수록 좋습니다.

"당신의 취향을 저격해 버린 고양이 상사,

고양이 상사의 취향을 저격해 버린 당신."

Part
3

고양이 상사와 함께 일하기

현란
상사가 기뻐한다면
이정도 쯤이야..!
냐아아
냐냐
기술 10
밸런스 7
신체 1

음~
이번 신입은 잘 뽑았군...
휙
휘릭

근무 환경 세팅하기

고양이가 좋아하는 환경 만들기

고양이 상사의 집무 환경에는 중요한3대 요소가 있습니다. 바로 1. 입체적 공간, 2. 휴식장소(은신처), 3. 화장실 입니다. 집사들마다 다양한 주거 환경이 있기 때문에 모든 요소를 완벽하게 충족시키는 것은 실로 어려운 입니다. 하지만, 각 요소의 중요 포인트들을 집사들의 각자 상황에 맞게 준비한다면, 우리의 고양이 상사는 좀더 안정감과 아늑함을 느낄 것입니다. 우선 입체적 공간과 휴식장소를 어떻게 만들면 좋을지 알아봅시다.

수평적인 요소: 동선과 배치

실내에서 생활하는 고양이는 270m^2(약 80 평) 정도의 공간을 전용으로 사용하고 싶어한다고 알려져 있습니다. 하지만, 대한민국에서 이를 충족할 수 있는 재력을 가진 집사는 그다지 많이 없을 것입니다. 다행스럽게도 이런 수평적인 공간의 한계는 수직적인 공간 활용을 통해서 극복할 수 있습니다. 하지만 동선과 배치와 같이 수평적인 요소에 대해서 주의를 기할 필요가 있습니다.

동선

혼자 사서 사는 고양이라면, 자유롭게 동선을 이용할 수 있지만, 다묘 가정이나 다종 가정이라 한다면, 동선은 고양이가 평소 주로 이용하는 이동경로입니다. 주로 거실의 소파에서 생활한다면, 화장실로 가는 길은 직선으로 최단 거리로 갈 수 있도록 동선을 안배해야 하고, 창가로 다가가는 경로가 있다면, 창가로 가는 동선에 화분과 같은 장애물을 치워두는 것이 좋을 것입니다. 또한 주로 이동하는 경로에는 물그릇을 놓아두어, 고양이 상사의 원활한 수분 섭취를 도울 수 있습니다. 이와 같이 동선을 배려하는 것은 물론 동선을 활용해 고양이 상사의 행동을 유도할 수 있다면 당신은 이미 집사력 9단으로 인정받을 수 있을 것입니다.

배치

집사는 고양이 상사의 식사 공간, 휴식 공간, 화장실 및 조망 공간 등, 이용 시설들을 각 특징에 맞춰 배치하도록 합니다. 휴식 공간이나 수면실은 외부의 소음 등이 최소화 될 수 있도록 배치합니다.

창가는 조망 공간으로써 시각과 청각적인 호기심을 해결하는 장소이기도 하지만, 나른한 햇빛에 낮잠을 즐기는 공간이기도 하기 때문에 오랜 시간 동안 보낼 수 있게 배치합니다. 주요 조망공간인 캣타워에 대해서, 많은 집사들이 구석에 배치하는 경향이 있습니다. 캣타워가 워낙 부피가 크기 때문에 위치시킬 장소의 선택이 적기 때문이기도 하지만, 캣타워의 원래 목적은 위에 올라가서 내려다 보는 것입니다. 캣타워는 잘 볼 수 있고 볼 것이 많은 장소에 두어야 합니다. 그러므로 집안의 동선이 한눈에 보이는 장소나 창가 등이 적절한 위치라 할 수 있습니다.

화장실과 식사 공간은 최대한 거리를 두는 것이 바람직할 것이며, 고양이는 조금씩 자주 식사를 하는 특징이 있기 때문에, 주로 휴식하는 공간에서 멀지 않은 거리에 안배합니다. 특히 식사 공간에서 밥그릇과 물그릇을 나란히 두는 경우가 있는데, 밥그릇의 사료를 먹으면서 작은 사료 조각들이 물 그릇에 들어가거나, 물 그릇의 물이 사료에 튀어 사료가 불어 고양이 상사가 비위생적인 환경에 노출될 위험이 있습니다. 가능한 밥그릇과 물그릇은 10cm 이상 간격을 두고 세팅할 수 있도록 합니다.

원활한 수분 섭취만큼이나, 배뇨도 중요합니다. 배뇨를 위해서 가장 중요한 것 중 하나는 화장실 위치입니다. 다묘 가정에서는 다수의 화장실을 한곳에 배치하는 경향이 있는데, 같은 위치에 있는 2개의 화장실은 고양이 상사 입장에서 보자면 조금 큰 화장실 1개일 뿐입니다. 고양이에게 화장실의 개수는 화장실이 위치된 장소의 수입니다. 다종 가정에서는 반려견이 고양이 상사의 화장실 출입을 지켜본다거나, 혹은 고양이 상사의 변이나 펠렛형 화장실 모래(두부 모래)를 먹는 상황이 벌어지기도 합니다. 배뇨공간은 동거하는 집사나 다른 동물의 시선에서 자유로운 분리된 공간에 안배하고, 접근도 자유로울 수 있게 해야 합니다.

수직적인 요소 : 낮은 곳, 중간, 높은 곳

앞선 고양이 상사의 성격에 대한 언급에서, 덤불 속 고양이, 나무 위 고양이, 해변 위 고양이와 같이 고양이 상사의 성격 유형을 나누어보았습니다. 그러나 가장 선호하는 장소가 고양이 상사의 모든 성격 혹은 라이프스타일을 반영하지는 않습니다. 나무 위 고양이도 택배 상자 속에서의 휴식을 즐기기도 하고, 덤불 속 고양이도 식탁 위에 올라가기도 합니다. 집사가 확실하게 알 수 있는 사실은 고양이 상사가 어떤 곳을 가장 선호하는지에 상관없이 집무 공간을 다양하게 사용한다는 것입니다. 즉, 고양이 상사는 자신의 집무공간을 수평으로만 활용하지 않고 수직으로도 활용하는 것을 즐깁니다.

수직적인 공간은 고양이 전용 인테리어나 가구를 통해서 준비할 수도 있으나, 집사가 사용하는 가구를 활용하는 방법으로도 창의적인 공간을 연출할 수 있습니다. 예를 들어 옷장이나 탁자를 높이 순서에 맞춰 계단식으로 배열할 수도 있고, 책장의 중간을 비워둔다거나, 식탁이나 의자 밑 등에 공간을 준비할 수도 있습니다. 수직 공간은 단순히 높이 올라 갈 수 있는 장소를 준비하는 것만이 아닌, 다양한 높낮이의 공간을 제공하는 것임을 집사는 알고 있어야 합니다.

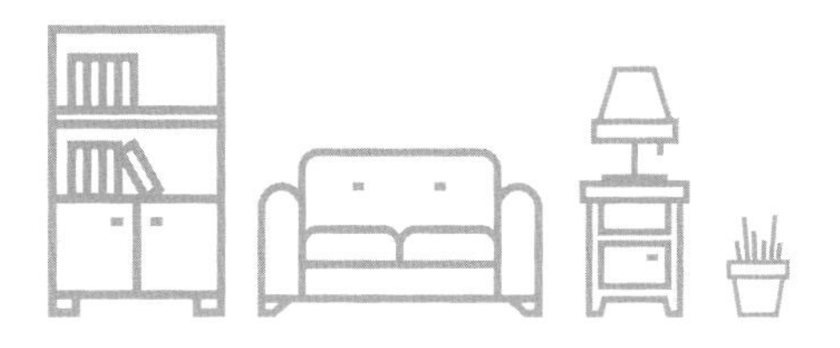

휴식공간

뒷장의 '고양이 상사의 일과표'에서 볼 수 있듯이, 실내 생활을 하는 고양이의 일상 대부분은 가만히 앉아 휴식이나 수면을 취하는 것입니다. 가장 많은 시간을 보내는 휴식 공간은 무척이나 중요합니다. 대부분의 휴식 공간은 고양이 스스로가 결정합니다. 다묘 가정이라면 고양이 상사 간의 친밀도가 높은 경우라 하더라도, 각자 따로 분리되어 즐길수 있는 휴식 공간을 제공하는 것이 좋습니다. 경쟁 관계인 고양이 상사들 사이의 친밀도를 상승을 위해 휴식 공간을 가깝게 한다면, 모두 그 휴식 공간을 거부할 수도, 심하면 다른 고양이 상사의 휴식 공간을 이용하지 못하도록 소변이나 대변으로 마킹하는 등의 행동을 보일 수도 있습니다.

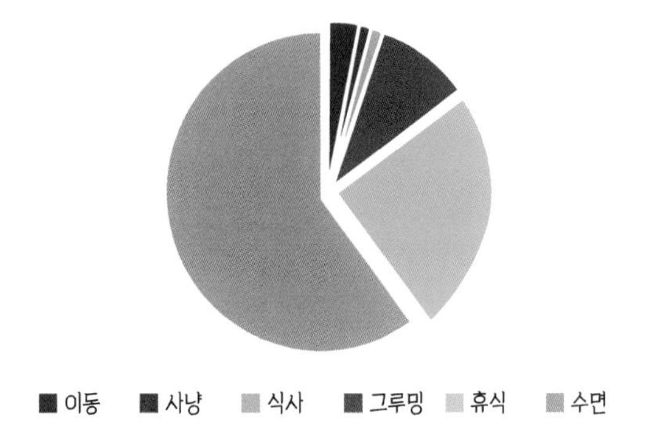

아울러, 이동장을 휴식 공간으로 제공하는 것도 현명한 방법입니다. 추후 이사를 해야 한다거나, 병원으로 진료를 받으러 갈 때, 친근한 공간에서 안정적으로 이동할 수 있다는 이점을 누릴 수 있습니다. 이동장에 부드러운 담요를 바닥에 깔아주거나, 작은 장난감이나 간식 등을 넣어 둔다면 고양이 상사는 이동장에 가는 것에 거리낌이 없을 것입니다. 하지만, 이동장은 유일한 휴식공간으로써가 아닌 여러 휴식공간들 중의 하나로 제공되어야 합니다.

고양이 상사를 위한 최소한의 화장실 예절

화장실과 모래 관리

1) 화장실 위치의 개수

화장실 위치의 개수 ≠ 화장실의 수

화장실 위치의 개수 = 고양이 상사 수 + 1

어린 고양이는 깨끗한 한 개의 화장실을 선호합니다. 그러나 성묘가 되면 일부 고양이는 화장실 하나는 배뇨용으로, 다른 하나는 배변용으로 사용하는 경우가 있습니다. 또한 집 안에 층이 있는 경우에는 층마다 1개 이상의 화장실을 마련해 주는 것이 좋습니다.

중요한 것은 화장실의 개수와 화장실 위치의 개수는 다르다는 것입니다. 같은 장소에 붙어 있는 2개의 화장실은 고양이 입장에서는 1개의 화장실입니다. 고양이 상사는 각기 다른 위치에 있는 화장실만을 다른 화장실로 승인합니다.

다묘 가정이라면 화장실 위치의 개수를 '고양이 수+1'로 준비해주세요. 다묘 가정에서 고양이끼리 경쟁을 하는 경우에는, 화장실이 한 개이거나 한 곳에 몰려 있을 때 다른 고양이의 배뇨를 방해하기 위해, 화장실로 가는 동선을 막아서는 심술궂은 모습을 보이기도 합니다. 그래서, 사이 나쁜 고양이 간의 싸움은 화장실과 같은 공동 사용시설 근처에서 발생하는 경우가 많습니다.

2) 화장실의 위치

화장실은 고양이의 중심 공간(Core area)에서 너무 멀지 않아야 합니다. 그러나 쉬는 곳, 밥, 물 그릇과는 거리를 조금 두어 주세요. 편안한 용변 시간이 될 수 있도록 시끄러운 기계음이 있는 곳은 피하며, 어두운 곳보다는 약간의 빛이 있는 곳이 더 좋습니다.

3) 화장실의 크기

적어도 고양의 몸길이보다 1.5배는 커야합니다. 사람도 성인이 유아용 변기에 앉으면 불편하듯이 고양이도 정상적인 배변 활동을 하려면 적절한 화장실 크기가 필요합니다.

우리나라에서 주로 활동하는 고양이 상사들의 평균 체형을 고려했을 때는 서랍형 리빙박스 30L 혹은 40L가 화장실로 사용하기 좋은 크기입니다.

4) 화장실의 형태 (덮개나 출입구 등)

배설물의 냄새나 고양이 모래의 튀김 등에 대하여 덮개가 있거나, 출입문이 달려 있거나, 혹은 수직으로 드나드는 형태의 화장실을 사용하는 경우가 있습니다. 고양이 상사가 불평이나 불만 없이 이런 형태의 화장실을 잘 사용한다면 문제가 없지만, 고양이 상사는 자연상태에서 굴과 같은 폐쇄된 장소에 들어가서 배설을 하지는 않기 때문에 본능상 자연스러운 화장실은 아닙니다. 또한 나이를 먹을수록 근골격계가 약해지기 때문에 너무 높은 문턱의 화장실이나 최첨단의 화장실은 불편해질 가능성이 높습니다. 마치 어르신들이 최신형 핸드폰을 어색하는 것과 같습니다. 노령의 고양이에게는 넓은 개방형 화장실을 제공하도록 합니다.

화장실 사용에 있어 고양이 상사의 불평, 불만이나 불편이 없게 해주세요.

5) 화장실 모래

고양이 상사가 지금 사용하는 모래에 만족하는지 궁금하신가요? 좋아하는 모래는 몰라도 마음에 들지 않는 모래는 알아내기 수월한 편입니다. 배변 후 모래로 배설물을 잘 덮지 않는다거나 모래 대신 화장실 벽이나 화장실 주변의 바닥이나 공기(허공)를 긁는 등의 행동을 통해서 확인할 수 있습니다. 고양이에게 마음에 들지 않는 물질은 유독물질처럼 안전하지 않은 물질과 같습니다. 하여, 고양이는 마음에 들지 않는 모래에는 접촉하지 않으려고 합니다.

고양이의 발바닥(젤리)는 매우 부드럽기 때문에, 입자가 너무 크거나 딱딱하면 밟았을 때 아파할 수 있습니다. 이런 경우에는 회장실 모서리에서 배설을 하거나, 심지어는 화장실 근처 바닥에 배설하는 모습을 보입니다.

고양이의 후각은 고도로 발달하여, 집사들의 의도한 것과는 다르게 고양이 상사에게 작용할 수 있습니다. 하여, 집사가 너무 향이 강한 모래나 탈취제를 화장실에 사용한다면, 고양이 상사 입장에서는 매우 마음에 들지 않는 상황으로 받아들일 수 있습니다.

개인적으로 저는 '벤토나이트 모래'가 사막화라는 집사의 입장에서 선호되지 않는 현상이 나타나기는 하나, 자연 상태의 모래와 가장 가깝다고 생각합니다. 그러나 잠깐 모셨던 한 고양이 상사는 어린 시절에 '우드 펠렛형 모래'에 이미 적응되어, 벤토나이트 모래가 깔린 화장실을 거부했습니다. 하여, 제 생각에는 모든 고양이에게 가장 좋은 모래라는 것은 존재하지 않는 것 같습니다. 그저 집사가 구매, 준비 또는 관리하는 데에 부담이 없고, 고양이 상사의 취향에도 맞는 적합한 모래를 선택하는 것이 중요하다고 생각됩니다.

화장실 모래의 양(두께)은 화장실 바닥으로부터 최소 2~5 cm 정도로 합니다. 고양이 상사의 취향보다 너무 얇게 모래를 깔아주면 제대로 뒤처리를 하지 못할 수도 있습니다.

기존에 사용하던 모래와 다른 형태나 재질의 모래로의 적응을 위해, 기존의 모래와 새로운 모래를 섞는 경우가 있는데, 이는 고양이 상사에게는 그저 새롭고, 낯선 어쩌면 해괴한 모래일 뿐입니다. 모래를 변경하기 위해서는 기존의 화장실 옆에 추가의 예비 화장실을 두고, 한 쪽에는 기존의 모래, 다른 한쪽에는 새로운 모래를 둡니다. 이후 고양이가 새로운 모래를 담은 화장실을 이용하기 시작한다면, 모래를 변경할 수 있습니다.

6) 화장실 청소

화장실 청소를 감자나 맛동산 수확이라고 부르는 것은 정말 합당한 언어의 선택이라고 생각됩니다. 집사에게 부담스러울 수 있는 화장실 청소에 대한 거부감을 없애 줄 뿐 아니라, 화장실 청소에서 가장 중요한 것은 뭉쳐진 덩어리를 제거하는 것이기 때문입니다.

후각에 민감한 고양이 상사들이지만, 다행히도 화장실 냄새에는 어느 정도 관용이 베푸는 듯 합니다(자신에게서 비롯된 냄새이어서 그런 것일까요?). 실제적으로도 고양이는 화장실의 위생에서 냄새 보다는 화장실 모래의 뭉침을 더 중요시 한다고 합니다. 화장실 청소는 나쁜 냄새를 제거하는 정도로도 충분합니다. 그러나 너무 강한 냄새의 소취제를 사용하거나, 특히 레몬향(시트러스 계열)을 사용한다면 화장실에 거부감을 생기게 할 수 있습니다. 고양이가 하루 2-4번의 배뇨와 1번의 배변을 하는 것을 감안하여, 하루에 1-2회 정도 뭉침을 제거하고, 주 1-2회 화장실 전체 청소와 모래 교환으로도 충분한 화장실 청소가 됩니다.

7) 화장실이 만족스럽지 않을 때 고양이 상사가 보이는 행동

집사들의 경우, 더러운 화장실에서 신속하게 일을 보고 나옵니다. 반대로, 파우더룸이 갖추어진 깨끗하고 쾌적한 화장실이라면, 화장이나 옷 매무새를 고친다든지 보내지는 시간이 길어집니다(가끔은 셀카 명소인 화장실도 있습니다.). 그러나 고양이 상사는 집사와는 다릅니다. 화장실이 불편하거나 불만족스러운 경우, 화장실이나 화장실 주변에서 보내는 시간이 길어집니다. 대표적인 이유를 자세히 알아봅시다.

1. 화장실이 더럽거나 모양 및 모래가 마음에 들지 않는다. 화장실에 들어가고 싶지 않아 화장실 앞에서 들어가는 것을 망설인다.
2. 화장실이 마음에 들지 않아 자주 가지 않는다. 그러다 보니 한 번에 많은 양을 배뇨하게 되고, 결국 배뇨시간이 길어진다.
3. 집사들이 화장지로 뒷처리하는 것처럼 배뇨와 배변 후에 모래를 덮어야 배

설이 끝나는 데 완전하게 뒷처리가 안 됐다고 느껴져, 배설 후에도 화장실 주변을 서성거린다.

만족스럽지 않은 화장실 환경은 배변에 불편함을 가져오고, 이는 방광염이나 변비와 같은 질병을 유발하는 원인 중 하나가 될 가능성이 높습니다. 그렇기에 집사는 화장실 청소가 고양이 상사를 보좌하는 데에 아주 중요한 업무임을 인지하고, 열정적이고 진지한 자세로 임하도록 합니다.

업무 지시 알아듣기

야옹 소리의 비밀

"고양이 상사의 신임을 얻는 열쇠는

원활한 의사소통!"

집사들 간에는 음성 언어와 얼굴이나 몸짓, 자세를 통한 행동 언어로 주로 대화를 합니다. 물론 글이나 그림을 통해서도 소통이 가능합니다. 고양이 상사들도 청각 신호, 시각 신호 및 후각 신호 등의 다양한 방법을 통해서 소통을 합니다. 다만, 체취나 마킹을 통한 소통은 집사가 정보를 수집하여 이해하기 어렵습니다. 혹여, 지구상 어딘가에 고양이 상사의 후각 신호에 대해 해석이 가능한 집사가 있다 해도, 다른 집사에게 전달할 방법이 없습니다. 그러니 우선 고양이 상사의 음성 언어에 대해서 살펴보겠습니다.

자연 상태의 고양이에게 음성 언어는 매우 유용했을 것으로 생각됩니다. 그 이유는 자신의 모습을 숨긴 채로 소통할 수 있는 언어이기 때문입니다. 포식자이며, 동시에 피식자이기도 한 고양이가 모습을 드러낸다는 것은 물리적인 공격을 받을 수 있는 상황을 감수한다는 것인데, 음성언어는 안전한 곳 은신한 채 교신이 가능하고, 또한 비교적 멀리 존재하는 상대에게도 메시지를 보낼 수 있다는 이점이 있습니다.

고양이 상사의 거주 지역별 사투리는 감안하여 주세요. (한국 반려견의 소리는 멍멍, 미국 반려견의 소리는 바우와우로 표기되는 것처럼 말입니다.)

1) 그르릉 (골골송)

'행복해', '사랑해', '몸이 아파', '조금만 더' 혹은 '만족스러워'

보통은 그르릉은 만족스럽거나, 집사나 동료 고양이 상사의 그루밍을 받을 때 내기하고, 어미 고양이가 아기 고양이를 돌볼 때도 많이 들을 수 있습니다. 하지만, 아프거나, 공격성을 보이는 다른 고양이의 화를 누그러트릴 때도 이런 소리를 냅니다. 후두부 근육과 횡격막을 수축시켜 성대문을 눌러서 내는 소리라고 최근에 밝혀졌다고 합니다.

고양이가 그르릉거리는 소리는 오랫동안 불가사의한 것으로 여겨져 있었고, 고양이가 지구정복을 위해 파견된 외계인의 첩

보원으로 인간에 대하여 수집한 정보를 이 그르릉 소리를 통해 외계에 전달하는 것이라는 실제 음모설이 실제로 존재하기도 했었습니다. 또한, 이 그르릉 소리의 진동이 상처 치유, 골밀도 및 근육량 증가 및 통증완화에 도움이 되는 25Hz라는 것이 알려지면서, 실외 생활에서 상처를 입은 고양이가 자연 치유 속도를 높이기 위해서 낸다는 주장도 있습니다. 실제로 몸 상태가 좋지 않은 고양이가 회복 중에 그르릉 소리를 많이 냅니다. 하나 더, 고양이의 그르릉 소리는 골밀도, 근육량 증진 및 통증에 좋은 효험이 있다는 의견도 있습니다. 이것이 정말 효과가 있다면 그르릉 소리는 일종의 집사들에 대한 고양이 상사의 복지라고 생각되기도 합니다.

2) 미야옹

'간식줄래? ', '놀아줄래? ', '잘 갔다왔냐옹? '

집사에게 뭔가 요구할 때 혹은 뭔가 질문을 할 때 많이 내는 소리입니다. 집사들이 원활한 직장 생활을 위하여, 카톡방에 '넵'을 남기는 것처럼, 고양이 상사의 '미야옹'에도 '왜?' 혹은 '뭘 원해?' 등으로 답변하고, 원하는 간식이나 놀이를 찾아 대응한다면 고양이 상사와 더 원활한 소통을 할 수 있을 것입니다.

3) 채터링

'까깍 까가가깍~'

이를 부딪히면서 내는 소리로 사냥감을 보고 흥분했을 때 내는 소리로, 놀이 중간이나 창가에서 새를 볼 때 관찰할 수 있습니다. BTS를 영접한 '아미'의 입에서 저절로 나는 환호성과 같다고 생각하면 됩니다.

4) 하악, 캬, 쉐엑, 쉿, 크악

'아악~!', '뭐야!', "헛!'

놀라거나, 공포를 느꼈을 때 내는 소리입니다. 인간 언어로는 '다가오지 마', '물러서', '그만해' 혹은 '펀치를 날릴 거야' 등으로 해석할 수 있습니다. 실제로 앞발로 상대를 찰싹 내리치면서 이런 소리를 내는 경우도 많습니다.

5) 옹알옹알

'흥얼흥얼'

입을 다물고 웅얼웅얼 거리는 경우가 있습니다. 만족스럽거나 편안한 경우에 내는 소리로 생각됩니다. 집사들이 무언가를 하면서 노래를 흥얼거리는 것과 비슷하겠습니다.

후각을 이용한 의사 표현 : 마킹

후각적 의사소통은 사진이나 글처럼, 자신이 해당 장소에 없어도 소통을 할 수 있고, 청각이나 시각을 통한 의사소통보다 긴 시간 동안 유지된다는 점에서, 집사들의 SNS 활동이나 인터넷 게시판과 같은 역할을 합니다.

1) **번팅, 그루밍, 럽빙:** 이마, 입과 턱 주위, 항문 주변의 페로몬 분비를 통한 소통

2) **스크레칭:** 발가락 사이 분비 샘을 통한 후각적 소통

3) **스프레이:** 배뇨와는 다릅니다. 스프레이는 배뇨와 달리 바닥면이 아닌 벽면에 남겨지며 일반적으로 소변보다 배출량이 적습니다.

4) **배변:** 배변으로 의사소통을 할 때는 배뇨도 동반되는 경우가 대부분입니다. 배변과 배뇨는 배설 이외에도 고양이에게 사회적인 의미(영역의 경계 등)를 가지고 있습니다. 간혹 수상한 냄새가 나는 장소나 사물을 자신의 배변 냄새로 덮으려는 시도를 할 수도 있습니다.

고양이 상사의 속마음 알아채기

몸짓으로 말해요

음성 언어와는 다르게 행동 언어는 근거리에서 이루어지는 의사표현입니다. 때문에, 행동 언어를 보인다는 것은 아주 가까운 사이이거나, 서로에게 공격하기 직전의 극단적인 상황에서 보이는 언어입니다. 행동 언어의 특성 중의 하나는 상황이나 상대방의 반응을 보면서 표현을 바꿀 수 있다는 것입니다. 혹시나 스트레스를 받은 상황에서 경고의 몸짓을 보이다가도 원인이 제거되면 안정적인 상태의 행동으로 바뀝니다. 즉, 행동 언어는 고양이 상사가 상대와 친해지고 가까워지기 위해서도, 반대로 경고나 위협하기 위해서도 사용되는 복합 언어인 셈입니다.

1) 우리는 가족이에요. 사랑해요.

번팅

코로 콕 찍거나, 얼굴을 댑니다. 이것은 가족 사이에서 인사처럼 하는 가벼운 뽀뽀라고 생각해도 좋습니다. 이마와 얼굴에 있는 분비물을 상대에게 묻히는 행동이기는 하지만, 이렇게 냄새를 묻히는 행동은 소유권을 표시하는 수단이라기보다는 가족 간의 채취를 공유하는 행동이라고 생각할 수 있습니다. 또한 위험하지 않은 상황에서 호기심 충족이나 확인을 위해서 코를 접촉하기도 합니다. 뭔가를 요구할 때, 보이는 경우도 있습니다. 어린 고양이에서 반려견의 '손 줘'처럼, 훈련을 통해서 강화시킬 수 있는 행동입니다.

그루밍 vs 알로 그루밍(쓰다듬어주기)

그루밍은 친근감과 가족으로서의 인정하는 행동이라고 생각됩니다. 만일 고양이 상사가 집사의 신체 일부 혹은 집사의 옷을 그루밍 한다면, 서로 가족이라는 증명입니다. 서로 다툼이 없는 사이라고 하더라도 그루밍을 하지 않는다면, 같은 공간을 공유하는 상태이지, 서로를 가족을 받아들인 것은 아닙니다. 그루밍은 자신이나 상대방의 털을 정리하고 깨끗하게 하는 동시에, 서로 간의 냄새를 공유할 수 있는 수단이기도 합니다.

특히, 친분을 넘어 가족 간의 유대감을 표현하는 그루밍은 알로 그루밍으로, 스스로의 몸을 단장하는 그루밍과 달리, 가족 고양이의 얼굴 부분에 한하여 그루밍을 합니다. 만에 하나, 어떤 고양이 상사가 다른 고양이 상사의 전신을 너무 자주, 너무 오랜 시간 동안 그루밍을 하는 경향이 있다면, 그런 그루밍의 횟수와 시간이 길어지지 않는지, 과도한 그루밍이 고양이 상사에게 이상(그루밍을 하는 쪽 :과도한 헤어볼 구토 등, 그루밍을 당하는 쪽 : 그루밍에 의한 탈모)이 발생하지 않는지 확인하고, 그루밍을 받는 고양이가 이 과도한 애정 표현으로 불편해 하는 것 같다면 어느 정도의 제재를 취하도록 합니다.

럽빙 vs 알로 럽빙(포옹)

럽빙과 알로 럽빙 역시 자신의 체취를 집사나 가족 고양이와 공유할 수 있는 방법입니다. 럽빙은 고양이 상사 자신의 얼굴 주변에서 분비되는 냄새를 상대에게 묻히는 행동으로 번팅과도 비슷합니다. 번팅은 쿡 찍는 느낌이라면 럽빙은 비비는 듯 행동합니다. 알로 럽빙은 몸 전체를 비비는 행동으로 나타나는데, 집사들이 긴 외출 이후에 복귀했을 때, 고양이 상사가 집사의 다리 사이를 오가며 몸을 스치듯 비비는 것이 바로 이 알로 럽빙입니다. 외부에서 묻어온 냄새를 자신의 체취로 덮는 행동이기도 하지만, 역시 냄새를 나누는 것을 통해, 가족으로서의 강한 유대감을 표현하는 행동입니다. 고양이는 알로 럽빙을 하면서, 서로의 꼬리를 꼬는 모습을 보여 주기도 합니다. 이렇게 서로의 꼬리를 꼬는 것은 흡사 집사들이 친한 사이에서 어깨동무를 하는 것을 연상시키기도 합니다. 집사의 팔에 알로 뤄빙을 하면서, 꼬리로 집사의 팔을 감싸는 고양이 상사들도 있는데, 정말 엄청난 친근함을 보이는 것으로 감동받을만한 일입니다.

신체 맞대기

무릎 냥이처럼 집사의 무릎에 앉아 골골송을 부르는 고양이의 행동과 같습니다. 고양이는 친해지고 싶거나, 친한 상대가 아닌 경우에는 가까운 거리를 유지하고 있다 하더라도 몸을 맞대는 행동을 절대 하지 않습니다. 몸을 맞대는 행동은 다묘 가정에서 고양이 간의 관계를 해석하는 데에 도움을 줍니다. 침대나 소파에 나란히 누워 있는 고양이 상사를 보고, 집사는 그들이 친하다고 오해할 수 있습니다. 가까운 거리, 또 같은 공간에서 수면을 취한다고 해도, 그들이 몸을 맞대거나, 서로 기대어 있는 경우가 아니라면, 그들은 같은 공간에서 생활 할 수 있는 동거 상태이지, 서로에게 애착을 느끼는 가족의 상태는 아닌 것입니다. 세 마리의 고양이 중에 두 마리의 고양이 상사(A와 B)는 몸을 맞대지만, 한 마리(C)는 약간 떨어진 곳에 있다면, C 고양이 상사는 A, B 고양이 상사와는 마음의 거리가 있는 상태입니다. 또한, 집사가 취침을 할 때, 각각 집사의 겨드랑이와 가랑이에 몸을 맞대고 수면을 취하는 고양이 상사가 자기들끼리는 몸을 맞대지 않는다면, 집사를 공동 소유하고 있지만, 서로 간의 애착은 없다고 추측해 볼 수 있습니다.

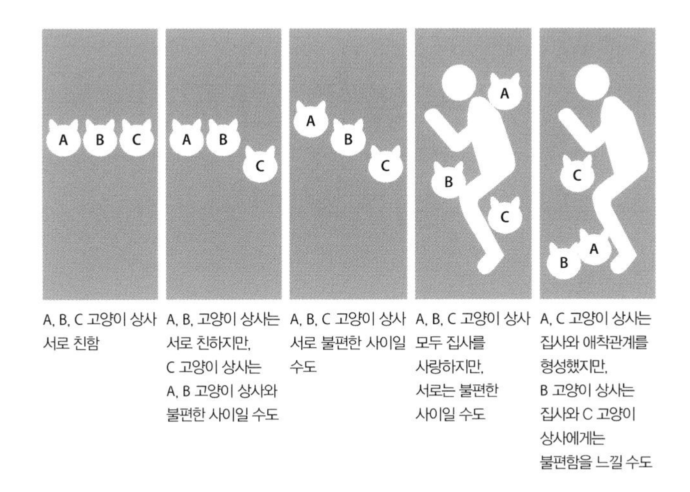

A, B, C 고양이 상사 서로 친함

A, B, 고양이 상사는 서로 친하지만, C 고양이 상사는 A, B 고양이 상사와 불편한 사이일 수도

A, B, C 고양이 상사 서로 불편한 사이일 수도

A, B, C 고양이 상사 모두 집사를 사랑하지만, 서로는 불편한 사이일 수도

A, C 고양이 상사는 집사와 애착관계를 형성했지만, B 고양이 상사는 집사와 C 고양이 상사에게는 불편함을 느낄 수도

아직 사이가 어색한 고양이 상사들끼리 친하게 하겠다고, 억지로 맞대게 하는 만행을 저지르지 않도록 주의하십시오. 아직 악수도 하지 않은 서먹한 사이의 사람들을 두고 '뽀뽀해~ 뽀뽀해~' 하고 강요하는 행위와 다르지 않습니다. 두 고양이를 친하게 하고 싶다면, 담요와 같이 체취를 교환할 수 있는 매개체를 번갈아 가며 사용하게 하도록 합니다. 즉, 친분을 쌓기 이전에 명함부터 교환시켜줘야 합니다. 아직 친해지지 않은 고양이 상

사 간의 친분 쌓기에는 비대면 접촉이 가장 효과적인 방법이라는 것을 집사는 명심하도록 합니다.

2) 친해지고 싶어요. 안녕하세요? 반가워요!

꼬리를 수직으로 세우고 다가오는 행동

반가워하는 친근감의 표시이기도 한 동시에, 신뢰를 표하는 행동이랍니다. 또한 자신감 있게 상대방에 다가가기도 하는 행동입니다. 길에서 지내시는 고양님들이 캣맘이나 캣대디의 급식 제공 방문을 반기면서 다가올 때, 이런 행동을 보여줍니다.

식기나 물그릇 같이 사용하기, 화장실 같이 사용하기

행동 언어라기보다 일상의 모습이기도 하지만, 같이 사용하는 공간에서 잠자리, 먹이(식기)그리고 화장실을 같이 사용한다는 것은 서로 어느 정도 신뢰가 형성된 것으로 볼 수 있습니다. 가족이나 절친은 아니더라도 같은 공간에서 일하고, 같은 프로젝트를 수행하는 직장 동료와의 관계와 비슷한 상태라고 볼 수 있습니다.

3) 같이 놀아요

배 보여주기

일반 가정에서 고양이 상사의 결혼, 임신과 출산이 흔했던 시기에는, 집사가 외출에서 돌아왔을 때, 새댁 고양이가 배를 보여주면서 몸을 구르는 모습을 보이면, 집사는 고양이들이 2세 계획을 실행에 옮겼음을 직감했었고, 이런 행동을 '세레모니'라고 부르기도 했습니다.

배를 보여주는 행동을 하면서 약간 등을 비비는 듯한 모습도 보이기 때문에, 이런 모습을 보면 집사는 배를 만져달라거나, 혹은 등이 가렵다고 생각할 수 있습니다. 평소 안전을 중요시 하는 고양이가 배를 보여 준다는 것은 상대방이 공격하지 않을 것이라는 신뢰감을 바탕으로 하는 행동이기는 하지만, 배를 보여준다는 것과 배를 만져도 된다는 것은 아주 다른 의미입니다. 너를 믿어, 반가워라고 말을 했는데, 갑자기 민감한 곳을 만진다면 고양이로서는 불쾌할 수 있습니다.

배를 보이는 고양이 상사의 탐스러운 뱃살을 만지다가 펀치를 맞거나 깨물림을 당하는 집사님들이 있습니다. 이를 거부의 반응으로 볼 수도 있지만, 배를 보여주는 행동은 놀이를 하자는 제안의 제스처이기도 하기 때문에 놀이의 일종으로 펀치나 깨무는 행동을 하는 것일 수도 있습니다. 하여, 고양이 상사가 배를 보인다면, 배를 만지기보다는 장난감을 꺼내어 같이 놀아주거나, 정말로 그루밍을 원하는 경우에 대비해, 효자손이나 빗을 준비하면 좋을 것입니다.

옆으로 걷기

고양이 상사가 동료 고양이나 집사에게 놀이를 제안할 때 하는 행동으로, 등과 꼬리를 동그랗게 말고, 옆구리를 보이며 총총 걸음 옮기는 모습을 볼 수 있습니다. 고양이의 놀이는 기본적으로 사냥 할 때의 행동을 근본으로 두기 때문에 앞발로 사냥감을 치고, 누르고 이빨로 무는 행동으로 이어지는 경우가 많습니다. 당신의 손이나 발목이 장난감이 되지 않게 하려면 고양이 상사의 놀이 제안에는 늘 장난감으로 가지고 응대해야 하는 것을 명심해야 합니다.

꾹꾹이

아기 고양이가 엄마 고양이의 젖을 더 먹기 위해서 배를 누르는 행동을 하는 것에서 비롯된 행동이라는 것은 집사가 아닌 사람들도 잘 알고 있습니다. 다만, 이미 다 자란 고양이도 '꾹꾹이'를 합니다. 기분 좋음을 표현하는 행동으로, 집사나 동료 고양이에게뿐 아니라, 방문객이나 방석 같은 사물에게도 이런 행동을 하는 것을 보아, 엄마의 품을 연상시키는 보드랍고 폭신한 촉감에 의해 유발되는 듯 보이기도 합니다. 집사가 옆구리나 배에 꾹꾹이를 당했다면, 다이어트가 필요한 것은 아닌지 잠시 고민해 보아야 할 것입니다.

쭙쭙이

다 자라서도 집사의 손가락이나 발가락 혹은 다른 고양이의 신체 일부에 '쭙쭙이'라고 하는 아기 고양이가 젖을 빠는 행동과 유사한 행동을 하는 고양이 상사들이 있습니다. 친근감이 있고, 접촉이 가능하고, 해당 행동을 허용하는 대상에게만 하기 때문에 친밀감의 표시로도 이해할 수 있겠으나, 횟수나 정도가 심한 경우에는 해당 증상에 집착하지는 않는지, 정도가 심해지지 않는지 계속해서 관찰해야 합니다. 다 자란 어른 집사가 손가락을 빠는 상황과 비교해서 생각해 볼 수도 있을 것입니다.

보통은 엄마 고양이와 일찍 헤어져, 젖을 충분히 먹지 못한 아기 고양이가 다른 형제의 신체 일부(생식기인 경우가 많이 발생하고, 이런 경우에는 젖 대신 형제의 소변으로 배를 채워, 발육에 영향을 받는 경우도 발생합니다)를 빠는 행동으로부터 시작되는 경우도 있기 때문에, 인공 포유를 하는 유모 집사라면 이런 부분에도 신경을 써야 할 것이며, 어른 고양이가 이런 행동을 너무 많이 한다면, 어린 시절을 확인해 보는 것도 필요할 것입니다.

눈키스(윙크)

애니멀 커뮤니케이터가 전파하여, 많은 집사들이 고양이 상사에게 시전하기도 하고, 길에서 사는 고양이에게 눈키스 하는 사람들도 자주 볼 수 있었습니다. 고양이는 빤히 쳐다보는 시선을 노려본다고 생각해서 불편해 하는데, 이때 눈을 깜박임으로서 공격 의사가 없음을 표현할 수 있습니다. 다만, 낯선 사람이 가만히 있는 고양이에게 집사가 먼저 눈을 깜박이는 것은, 친하지도 않은 사람이 갑자기 다가와서 어깨를 쓰다듬고 가는 것처럼 뜬금없는 행동일 수 있습니다. 그러나, 집사나 동료 고양이에게 고양이가 눈을 깜박이는 것은 진정으로 애정을 담고 있는 행동일 것입니다.

4) 가까이 오지 마세요

불편해, 긴장 돼

고양이 상사가 꼬리를 양쪽으로 휘젓습니다. 불안과 불만에 대한 표현으로 낯선 상황이나 상대를 보면 나타내는 행동이지만, 놀이 시 긴장감이 고조되었을 때 나타날 수 있습니다. 이런 긴장감을 수반한 놀이는 과격해 질 수 있으므로, 놀이를 잠깐 멈추고, 진정될 때를 기다려 주십시오. 간혹 고양이 상사가 집사에게 그루밍이나 마사지를 요청하듯 다가와서 쓰다듬는 중간에 이런 행동을 한다면, '얼굴만 쓰다듬어', '그렇게 몸을 쭉쭉 훑지 말고, 내가 그루밍 하는 것처럼 짧게짧게 빗기라고!', '옆에 있는다고 했지, 만지라고는 안 했다', '3번만 만지라고, 벌써 2번 더 만졌다' 등으로 이야기하는 것이라고 생각할 수 있겠습니다.

저리 꺼져 (공격 행동)

다리를 펴고, 등을 굽혀서, 크게 보이려 합니다. 털을 곤두세우기도 합니다. 동공은 수축되고 시선은 전방을 노려봅니다. 귀는 납작하게 눕히고 꼬리는 아래를 향하지만, 몸에 붙이지는 않습니다.

이러한 행동들을 상대를 멀어지게 하기 위한 행동이기도 하지만, 고양이는 상대가 거리가 멀어질 때, 갑작스레 공격을 시작할 수도 있습니다. 고양이가 이런 행동을 취하면, 천천히 고양이의 행동을 관찰하면서, 뒷걸음침으로써 그 자리를 피하도록 합니다.

가까이 오지마 (방어 행동)

옆으로 서거나, 온몸을 구석으로 붙이고 있습니다. 혹은 몸을 바짝 낮추고 있습니다. 동공은 확장되고 시선은 흘겨보는 듯, 정면으로 바라보지는 않습니다. 귀도 납작하게 눕히고 꼬리도 몸 밑으로 숨기고 있습니다.

편의상 방어형으로 표현하지만 사실 이 자세를 취한 고양이는 자신의 목숨을 지키기 위해 필사적으로 물리적인 공격도 합니다. 때문에 고양이의 구조나 치료를 목적으로 접근하는 집사가 심하게 다칠 수 있습니다. 이런 경우, 무리하게 접근을 하기 보다는 포획 도구나 진정제 등의 사용을 고려하는 것도 필요합니다.

혼자여도 괜찮아

스스로를 위로하는 행동으로 스스로의 다리를 비빕니다.

5) 표정도 함께 읽어주세요

고양이 상사의 행동과 표정을 함께 읽으면 더 정확한 의도를 파악할 수 있습니다. 예를 들어 털 세우기는 고양이가 위협적인 상대에게 자신의 몸을 더욱더 크게 보이기 위해서 하는 행동으로 등을 아치형으로 구부립니다. 또한 옆으로 걷을 때도 등을 아치형으로 구부립니다. 다만, 옆으로 걷는 것은 놀이를 제안하는 상황이기 때문에 얼굴 표정이 공격적이지 않습니다.

또 하나, 고양이 귀를 뒤로 눕히는 것은 공격하는 또는 방어하는 과정에서 자신의 귀를 보호하기 위함입니다. 고양이가 싸울 때는 앞발로 상대방을 치는 행동을 하는데 이 때 귓바퀴가 손상되는 경우가 많습니다. 길에서 생활하는 고양이 귀 모양이 이상한 경우는 바로 이 때문입니다. 하지만, 고양이 상사는 최대한 느긋한 상태에서도 귀를 접혀, 주변의 소음을 차단하고, 골골송을 부르는 경우가 있습니다. 이것은 매우 편안하고 안락한 상태로, 얼굴을 보면, 지긋하게 눈을 감고 있는 경우가 많습니다.

식사도 업무의 연장

식사 준비하기

"고양이는 작은 개가 아니다."

고양이 영양학에서 가장 많이 쓰이는 이야기 중 하나입니다. 고양이 상사보다 반려견이 집사들과 더욱더 긴 시간의 역사를 함께했고, 아직까지는 집사와 함께하는 반려견 수가 고양이 상사 수보다 많습니다. 때문에 반려견에 비추어 고양이의 행동 등을 이해하는 경향이 있고, 영양소에 대해서도 마찬가지 입니다. 하지만 고양이 상사와 반려견은 다른 진화 과정으로부터 다른 영양학적 특성과 생리학적 특성을 갖게 되었습니다. 고양이 상사와 개는 다르고, 마찬가지로 고양이 상사의 식사는 반려견과 달라야 합니다.

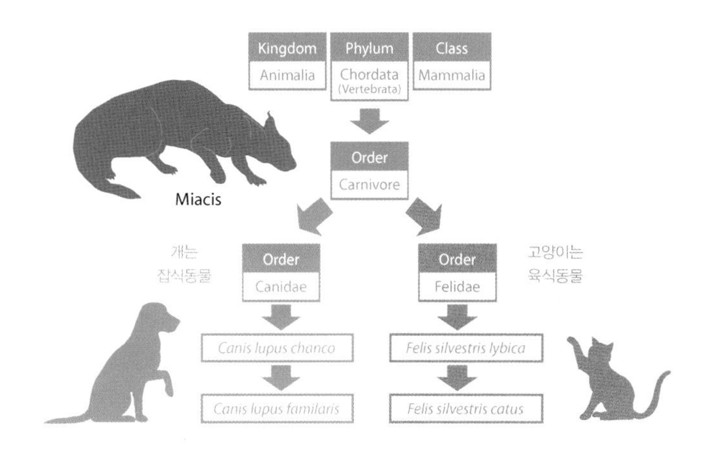

사냥에 근간을 둔 식이습관

고양이 상사는 육식동물이자 진정한 '사냥꾼'으로 알려져 있습니다. 여기서 '사냥꾼'이라는 단어가 매우 중요합니다. 육식을 하면 당연히 사냥을 할 것이라 생각하실 수도 있지만, 사냥 이외에도 수집을 통한 육식이 가능합니다. 야생의 늑대는 육식동물이지만 '채집가'로서, 각종 과일이나 사체 또는 배설물도 섭식이 가능합니다. 하지만 고양이는 '사냥꾼'이다 보니 반려견보다 과일이나 야채에 대한 영양학적 요구가 높지 않습니다. 또한 야생의 개들이 사체도 섭취했던 식이 습관이 반영되어 반려견은 음식의 온도에 대해서 큰 영향을 받지 않지만, 고양이 상사들은 갓 사냥한 먹이를 섭취했던 조상들의 영향을 받아, 가장 좋아하는 음식의 온도, 특히 캔푸드와 같은 습식사료는 27℃~37℃(고양이 상사의 체온 37℃)의 온도일 때, 식욕이 더욱더 상승하는 것으로 알려져 있습니다.

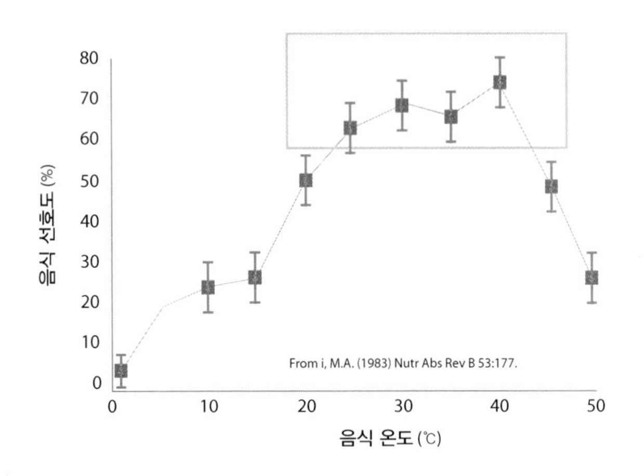

또한, 단체 사냥을 통해서, 자신들 보다 큰 채식동물을 사냥했을 반려견의 조상과는 달리, 고양이 상사들의 조상들은 단독 사냥을 했기에, 주로 한 입에 먹을 수 있는 작은 동물들을 자주 사냥하여 식사를 하였고, 이는 한 번에 많은 양의 사료를 섭취하지 않고, 하루에도 조금씩 여러 번에 나누어 식사를 하는 습관을 갖도록 했습니다. 고양이마다 차이는 있으나 보통 하루에 8~16회 나누어 식사를 한다고 알려져 있고, 이는 자연 상태에서 사냥을 하는 횟수와 비슷하다고 합니다.

반려견들은 음식에 대한 호기심이 아주 강합니다. 아무래도 자연 상태에서 식이가 가능한 먹이의 범위가 넓었던 것에 기인할 것이라 생각됩니다. 하지만, 고양이는 비교적 식이 가능한 먹이의 범위가 한정적이었고, 혼자서 사냥하고 섭취했던 탓에 음식에 대한 호기심보다는 안전성을 추구하는 방향으로 진화했습니다. 하여, 고양이 집사들은 너무 조금 먹거나, 너무 편식을 하는 것을 걱정합니다. 또한, 고양이 상사는 쓴맛과 신맛에는 아주 민감하고, 이 때문에 현대의 집사들은 고양이 상사에게 약을 먹이는 것이 무척 어려워졌습니다.

고양이 상사의 소화기 특징

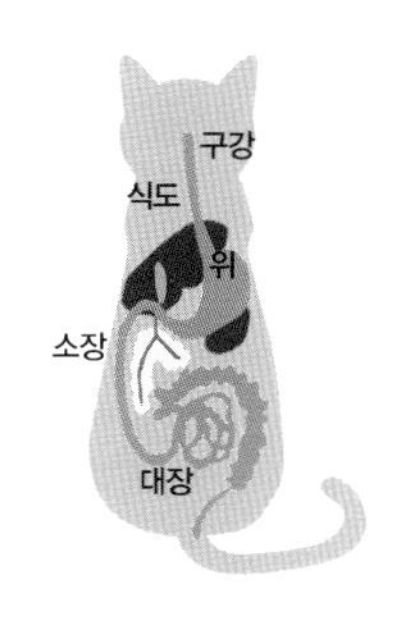

이빨

고양이의 이빨 30개(아기 고양이의 경우, 26개)는 자르고 찢는 역할만 가능합니다. 이빨의 외곽을 감싸고 있는 신체에서 가장 단단한 조직인 에나멜질은 사람보다 10배가 얇습니다. 고양이처럼 너무 차가운 것이나 뜨거운 것을 못 먹는 사람들에게, '고양이 혀'라는 말을 사용하는데, 사실은 치아의 에나멜질이 얇기 때문에 뜨거운 음식을 섭취하기 힘들어 합니다.

혀

맛을 느끼는 미뢰 수는 집사나 반려견보다도 적습니다. 사람이 맛을 보는 능력이 10이라 했을 때, 반려견의 맛보는 능력이 4, 고양이의 미각이 3 정도라고 생각할 수 있습니다. 특히, 단맛에 대한 수용체가 존재하지 않아 단맛을 느끼지 못합니다. 간혹 케이크나 쿠키처럼 달달한 것을 좋아하는 고양이도 있다고는 하지만, 이는 단 '맛'보다는 음식 내 버터와 같은 지방'향'에 반응하는 것입니다. 대신 신맛과 쓴맛에 매우 민감한 반응을 보이는데, 자연 상태에서 섭취 시 부패되거나 독성의 음식을 감별하기 위해서 발달한 것으로 생각됩니다.

타액

침내에 탄수화물을 소화하는 아밀라제 효소가 존재하지 않아, 구강 내에서는 탄수화물의 소화가 이루어지지 않습니다. 하지만 안심하세요. 소장에서는 아밀라제 효소가 분비됩니다. 다만 고양이의 타액은 사람이 비해 산도가 부족한 약 알카리(pH 7.5)이며 효소가 부족하여 구강 내 음식물의 소화 과정이 제한적이고, 또한 치아 표면에 잔존하고 있는 음식물에 대한 분해가 이루어지지 않기 때문에 이빨에 치태나 치석이 잘 생깁니다.

위와 위산

고양이는 작은 양의 음식을 하루 종일 천천히 소화시키도록 되어 있습니다. 위산은 사람보다 산도가 높아 뼈를 소화시키고, 세균을 제거하는 데에 효과적입니다.

소장

음식물이 소장을 통과하는 속도는 12~24시간입니다. 고양이의 소장은 단백질과 지방을 소화기 적당한 구조이고, 단백질이 적게 섭취되었을 때도 단백질 소화를 억제하는 효소가 존재하지 않아, 고양이는 단백질이 풍부한 식이를 섭취해야만 합니다. 고양이는 반려견보다 상대적으로 30% 짧은 소화기를 갖고 있고, 흡수 능력은 10%가 부족한 것으로 알려져 있습니다.

대장

대장에서도 미생물에 의한 소화가 이루어집니다. 반려견보다도 소장 내 미생물이 더 잘 발달되어 있는 것으로 알려져 있습니다. 우리 고양이 상사에게 유산균을 지급합시다!

고양이 상사의 식사 순서

음식의 향으로 섭취 여부를 확인합니다. 음식의 향은 자연 상태에서 음식물의 섭취 가능성을 판단하는 가정 우선적이고 안전한 방법으로, 고양이는 음식물의 섭취 시에 향을 가장 우선해서 확인 합니다. 이후에 구강과 혀에서 느껴지는 음식의 크기와 질감을 느낍니다. 맛보다는 향이 선호에 대해서도 더욱더 중요한 기준이며, 향은 고소한 지방 향을 선호합니다. 맛의 경우에는 고양이 상사의 안전제일 주의에 기인하여, 이전부터 먹어왔던 기억의 맛을 선호합니다.

단계	감각	기호요소	기호도 상승을 위한 방법
선택	**후각**	**향**	성분, 향 및 지방의 품질과 선택
접촉	촉각	형태 크기 재질	제조방법: 굽거나 찌거나 갈거나 찧거나 말리는 방식
섭취	미각	맛	성분의 품질
소화	생리반응	성분	최종 식이의 영양학적 품질

맛에서는 수분 함량이 50~80%인 음식을 선호합니다. 그래서 보통 건사료 보다는 습식사료(캔푸드)를 선호하는 모습을 보입니다. 가장 기호성이 높은 영양구성성분은 단백질:지방:탄수화물=5:4:1 입니다. 하지만 이 구성은 가장 기호성이 높다는 것이지 가장 균형 잡혔다거나 추천된다는 것은 아닙니다.

고양이가 선호하는 영양소 비율

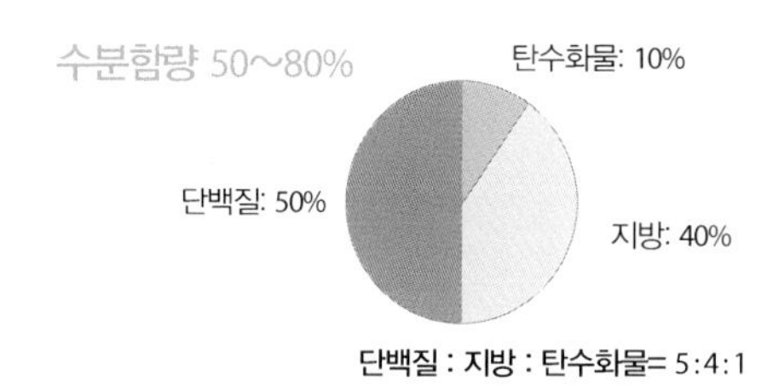

고양이 상사의 음식 선호에 영향을 미치는 요인

온도

앞서 말씀 드린 바와 같이 고양이 상사가 선호하는 식사 온도는 자신의 갓 잡은 사냥감과 비슷한 27~37 ℃입니다. 그렇다면 가장 싫어하는 음식온도는? 3 ℃ 입니다. 그리고 이 온도는 보통 냉장고의 냉장실 온도와 비슷합니다. 그러므로 아침에 먹다 남겨서 냉장고에 들어갔다 나온 캔푸드를 가장 싫어할 것입니다. 캔푸드를 급여할 때는 늘 따뜻하게 데워서 급여해주세요. 따뜻한 온도로 인해 향도 더 잘나기 때문에 고양이 상사의 식욕을 돋우어 줄 것입니다.

경험

새로운 음식이나 사료를 기존의 것보다 더 좋아하는 고양이도 있지만, 어렸을 때부터 꾸준히 같은 식사를 받은 고양이라면 대부분 새로운 음식보다는 친숙한 음식을 더 좋아하는 경향이 있습니다. 저의 고양이 상사인 미스 주황께서도 유기묘였던 어린 시절 저를 만났는데, 저 역시 동물병원의 수련의로 주머니 사정이 좋지 않을 때였습니다. 다행히도 같은 동물병원의 간호사님들이 업체에서 제공하는 샘플 사료를 저에게 독점 공급하여 주셔서, 미스 주황께서는 건강하게 성장하였고 어떤 사료도 잘 먹는 최강의 고양이 상사로 성장하셨으나, 집사의 궁핍함으로 어린 시절 다양한 캔푸드를 접해 보지 않은 탓에 지금도 캔푸드를 선호하지 않습니다. 고양이가 성장 후에도 편식하지 않게 하기 위해서는 어린 시절 특히, 2~9주의 사회화 시기부터 다양한 형태와 맛의 음식을 맛볼 수 있는 기회를 제공해야 합니다.

변화되지 않고 반복되는 식단에 의하여 '모노토미 효과'라는 현상이 나타날 수 있습니다. 모노토미 효과는 고양이에게 동일한 식단이 계속이 반복되는 경우에, 그 식단에 대한 기호성이 줄어드는 것을 말합니다. 이는 반복되는 식단에 대하여 영양이 편향적으로 공급되는 것에 대한 보상성 반응입니다. 즉, 편식하거나 입이 짧은 고양이 상사에게 늘 선호하는 사료나 간식만을 공급하면, 일정 시간이 지나고는 선호했던 사료나 간식마저 기호성이 낮아질 수 있는 가능성이 존재합니다. 따라서 집사는 고양이 상사의 기호성뿐 아니라 영양학적인 균형을 위해서라도, 고양이 상사의 식단이 다양해질 수 있도록 노력해야 합니다.

식기의 형태 및 향

고양이는 냄새에 민감합니다. 식기 세척 시 주방세제의 향이 너무 강하거나, 시트러스 계열 향이라면 식사를 거부할 수 있습니다. 또한 수염이 식기에 닿는 것을 싫어하기 때문에 늘 사료가 식기 중앙에 소복이 쌓일 수 있도록 담으면 더욱 좋습니다.

식사 바꾸는 법

흔히, 집사들은 새로운 사료로 변경하는 경우 일정 기간(7~10일) 동안 새로운 사료를 기존의 사료에 조금씩 섞고, 그 비율을 늘리는 식으로 진행합니다. 하지만 기존의 사료 알갱이만 골라 먹는다거나, 아예 섞인 사료에 입을 대지 않아 실패하는 경우가 많습니다.

앞서서 말씀드린 바와 같이 고양이는 음식의 향으로 섭취 가능 여부를 판단합니다. 만약 두 사료의 향이 섞이면 기존의 사료 향이 바뀌기 때문에 기존의 사료와 전혀 다른 새로운 사료로 생각할 수 있고, 이는 식이 거부로 이어질 수도 있습니다. 그 때문에 고양이의 사료를 바꿀 때는 2개의 식기를 준비하여, 나란히 두고 각각 기존의 사료와 새로운 사료를 담아 놓습니다. 그 뒤

고양이가 새로운 사료에 관심을 보이고 두 식기의 사료가 비슷한 속도로 줄어드는 것이 확인되면, 새로운 사료로 변경할 수 있습니다.

엄마 고양이의 보살핌 속에서 자라는 아기 고양이가 엄마 고양이의 음식 섭취를 보고 새로운 음식을 받아들이는 데에는 보통 1일 정도가 소요된다고 합니다. 엄마 고양이 없이 집사의 보살핌 속에 자라는 아기 고양이는 평균 1주일 정도가 걸린다고 합니다. 하여, 엄마 고양이 대신 집사의 보살핌 속에서 자란 고양이가 새로운 음식을 받아들이는 데에는 1주일보다 훨씬 긴 시간이 필요할 수도 있습니다. 하여, 고양이 상사의 식단 변경은 늘 집사의 예상보다 오랜 시간이 필요할 수 있습니다.

그들만의 인사 체계

고양이식 서열 파악하기

고양이 상사는 반려견에서 흔하게 언급되는 피라미드형의 절대적 서열을 만들지 않습니다. 고양이 간의 관계(서열)는 상대적이고 개인적입니다.

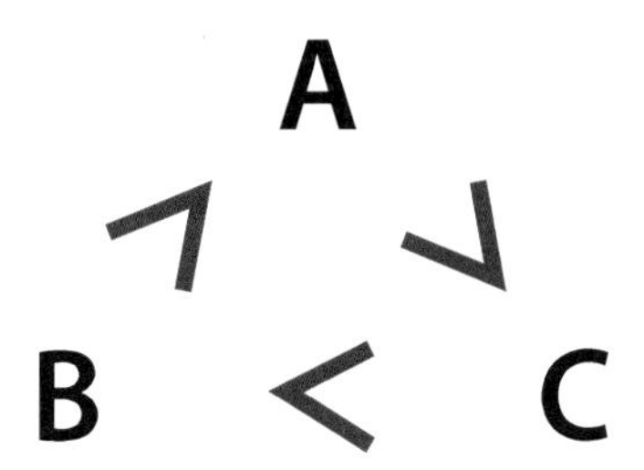

예를 들어 A 고양이는 B 고양이 보다는 서열이 낮지만, B 고양이 보다 서열이 높은 C 고양이 보다는 서열이 높을 수 있습니다.

만일 창가의 방석과 같이 공동으로 사용하는 자원에 대해서는, 오전에는 A 고양이가 주로 방석을 사용해왔다면, 오전에 A 고양이가 방석에 다가오면, B 고양이가 방석을 양보하는 형태로 자원을 사용하는 우선순위를 정합니다. 또한 관계가 좋지 않은 고양이 상사 사이에서는 특정 자원(집사의 애정, 화장실, 식사나 음수)에 대해서로 차지하겠다며 주먹을 들이대며 싸우는 것보다는, 다른 고양이가 해당 자원을 취하는 것을 방해하는 형태로 행동합니다. 반려견 간의 다툼이나 싸움이 열정적이고 격전인 것에 비해 반려묘 간의 경쟁은 지성적인 냉전이라고 생각할 수 있습니다.

그러므로 여러 고양이 상사가 근무하는 다묘 가정을 개인적이고 수평적인 관계를 추구하는 외국계 기업에 비교하자면, 반려견들은 체계적이며 열정적인 한국의 대기업 근무자에 빗댈 수도 있을 것입니다.

"고양이 상사의 이빨을 닦아주는 데 필요한 것은

칫솔과 치약이 아니라,

입속에 칫솔을 넣을 수 있는

집사의 노력과 열정!"

Part
4

업무 효율을 높이는 팀워크의 비밀

같이 식사나
하러 가세
그러세~
꺄아~
귀여워~
하트꼬리♥
이제 많이
친해졌구나

아..아닌가?
하아악
이 무릎은
나의
것이다
?

꼭 필요한 약속들

기본 훈련

이동장에 들어가는 훈련

처음 집에 온 아기 고양이부터 시작합니다. 이미 성장한 고양이 상사에게도 가르쳐 줄 수 있습니다. 이동장에서는 늘 휴식, 간식 그리고 좋아하는 장난감이나 담요가 주어져야 합니다.

주사 맞는 연습(예방접종)

간식이나 밥을 먹을 때, 고양이가 주로 주사 맞는 부위인 등쪽 피부를 들어 올려 줍니다. 처음에는 살짝 쓰다듬고, 그 후부터 강도와 시간을 늘립니다, 동물병원 내원 전부터 꾸준히 시행하여 준다면, 고양이 상사는 동물병원에서 주사를 잘 맞는다면서 칭찬받을 것입니다.

Touch 훈련(코 키스 훈련)

간식을 좋아하는 고양이일수록 효과가 좋습니다. 또한, 간식이 맛있을수록 효과가 좋습니다. 고양이 코에 손을 살짝 대고 간식을 줍니다. 몇 번 반복하다 보면 고양이가 집사의 손에 코를 살짝 댈 것입니다. 이때 간식을 주세요!

발톱깍이 훈련

하루에 1 발톱씩, 10일 동안 진행합니다. 이때도 맛있는 간식을 제공하는 것을 잊지 마십시오. 10일 동안 발톱을 깎는 것에 고양이가 익숙해지면 하루에 2 발톱씩, 하루에 3 발톱씩 나중에는 양쪽 앞발과 뒤쪽 앞발을 4일에 걸쳐, 나중에는 앞다리 쪽과 뒷다리 쪽 발톱을 2일에 나누어서 정리합니다. 익숙해지면 하루에 모든 발톱을 정리할 수 있게 됩니다. 가장 필요한 것은 발톱깎이와 간식 그리고 집사의 인내입니다.

약 먹이는 훈련

절대로 음식물에 약을 섞어서는 안 됩니다. 그 이유는 나중에는 약을 섞었던 음식을 거부할 뿐 아니라 집사가 제공하는 모든 음식을 의심할 수도 있기 때문입니다.

도구를 사용해보는 건 어떨까요? 알약을 먹이는 도구인 필건을 간식을 먹이는 수저로 활용한다면, 고양이에게 필건으로 투약하는 데에 도움이 됩니다. 동물병원에서 주사기를 얻어서, 주사기 끝을 제거한 후 액상이나 젤 형태의 간식을 급여하다가, 작은 알약을 젤과 함께 급여하는 방법도 있습니다.

손으로 투약할 수도 있습니다. 가장 좋아하는 간식을 준비해주세요. 집사가 한 손으로 입을 벌린 상태에서 다른 손으로는 입안 깊숙이에 간식을 넣어준 뒤, 목을 마사지 하는 식으로 급여하는 것입니다. 이에 익숙해진다면, 맨손으로도 고양이 상사에게 손쉽게 약을 먹일 수 있을 것입니다.

손으로 약 먹이는 순서

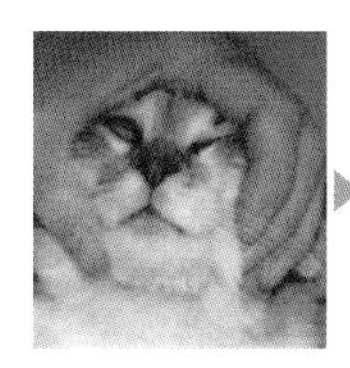
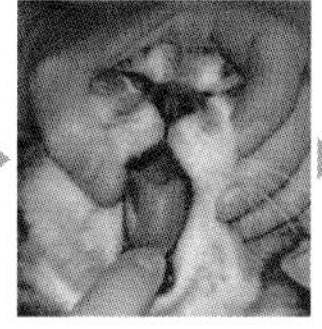
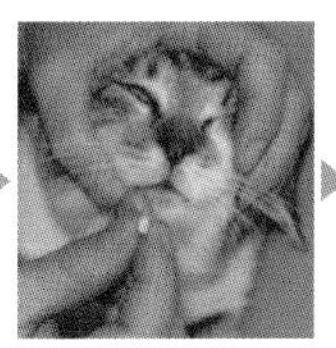
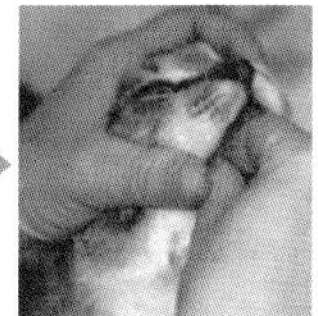

서로를 위한 배려, 양치질

치아 관리

고양이는 보통 6~7개월에 이갈이를 하여, 유치를 영구치로 바꿉니다. 그렇기 때문에 집사는 아기 고양이의 양치질 필요성에 대해 크게 느끼지 못하기도 하며, 어른 고양이 상사도 집사에서도 심한 구내염이나 치주질환을 가진 경우가 아니면, 치아 관리의 필요성에 대하여 실감하지 못할 수도 있습니다. 심지어는 광분한 고양이 상사는 이빨로 물면서 뒷발로 긁는 행동을 하므로 고양이의 이빨은 매우 튼튼하다고 오해하는 경우가 있습니다. 그러나 고양이 상사가 무는 행동을 한다는 것은 턱의 힘이 강하다는 것이지 이빨이 튼튼하다는 것과는 별개입니다. 오히려 고양이의 이빨은 사람의 치아보다, 치아 뿌리가 덜 견고할 뿐 아니라, 이빨의 외곽을 감싸고 있는 에나멜질은 사람보다 10분의 1로 정도로 얇아서 치아가 손상에 취약한 편입니다.

고양이의 이빨은 사람처럼 이빨이 네모난 형태로 치아 사이가 빼곡하게 자리 잡은 저작치(씹어먹는 치아)가 아닌, 고기를 잘라 먹기 좋게 이빨 모양이 세모이며 상악과 아래턱이 가위의 움직임과 유사한 절육치(고기를 자르는 이빨)입니다. 이빨 사이가 벌어져서 충치가 발생하지는 않는다고 알려졌지만, 대신 타액에는 치석을 예방하는 효소가 부족하여 치석을 빨리 쌓인다고 알려져 있습니다. 고양이 상사는 치석과 치아 손상에 취약한 이빨을 가지고 있고, 최근에는 FORL(Feline Odontoclastic Resorption Lesion)으로 알려진 고양이 치아흡수성병변이나 특발성 구내염의 고양이 상사에게 치아 손상이 많이 발생한다고 하니 고양이 상사의 치아 관리 및 양치질이 더욱 중요하겠습니다.

고양이 상사의 치아 구조

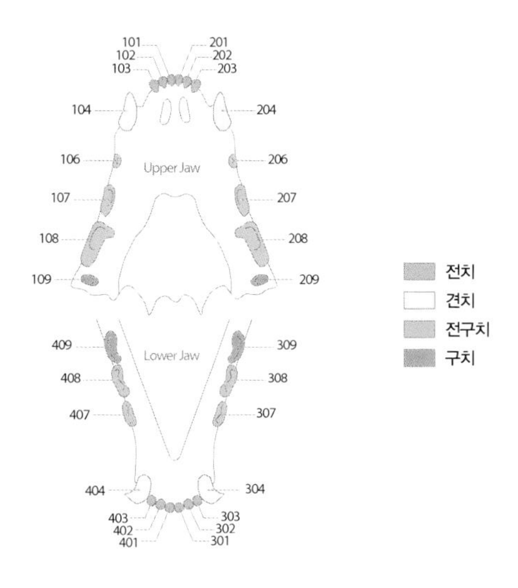

		전치	견치	전구치	구치	
고양이의 치식	유치	3	1	3	0	26
		3	1	2	0	
	영구치	3	1	3	1	30
		3	1	2	1	

양치질, 바르게 하고 있나요?

고양이 상사의 입을 벌리고, 칫솔을 이빨에 대는 것도 엄청나게 어려운 일입니다. 눈치가 빠르다면 칫솔을 드는 집사를 보고 어딘가로 숨을 수도 있고, 가까스로 고양이 상사를 잡아 양치질하려 해도 입을 벌리지 않는 다거나, 심하게 반항한 후 도망갈 수도 있습니다. 몇몇 너그러운 고양이 상사도 있지만 양치질을 허락해주는 짧은 시간 동안 양치질을 끝내야 하므로 이빨에 칫솔에 바르는 수준에서 끝나는 수준이 많습니다. 하지만 양치질을 통해서 치석을 제거하려면 칫솔을 45° 각도로 이빨에 대어, 이빨의 수직 방향으로 쓸어내리는 듯한 동작이 필수이며, 특히나 잇몸과 이빨 사이의 경계를 마사지하듯이 쓸어내려 주어 눈에 보이는 치석뿐 아니라 잇몸 안쪽에 쌓이는 치석도 제거해줄 수 있어야 합니다.

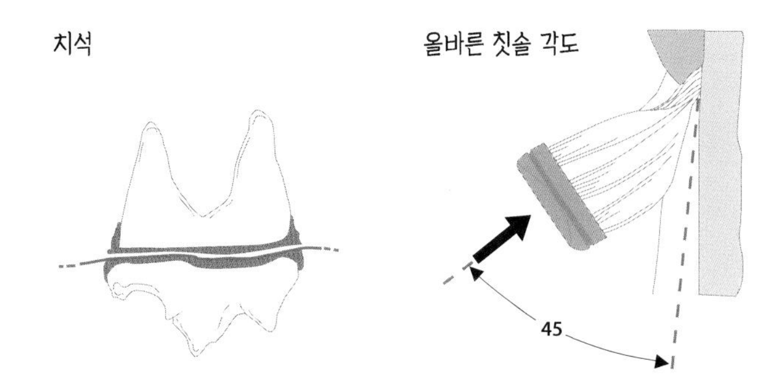

조기교육의 중요성

고양이의 사회화 시기는 생후 2~9주로 알려져 있습니다. 이 시기는 고양이 상사가 새로운 것에 대한 포용능력이나 호기심이 발달한 시기로, 살아가는 데에 필요한 여러 가지를 빠르게 익힐 수 있습니다. 그렇기 때문에 막 이빨이 돋아난 아기 고양이 시절부터 양치질 훈련을 시작하는 것이 좋습니다. 집사와 어른이 되어 만난 고양이 상사일지라도 사회화 시기가 지났기 때문에 양치질 훈련이 부족한 것이 아니라 어린 고양이보다 훈련 기간이 좀 더 필요하다고 생각해주시면 좋을 것 같습니다.

양치질 훈련 어떻게 하나요?

첫 단계, 얼굴 만지기

양치질을 하기 위해서는 얼굴을 손으로 만질 수 있어야 합니다. 오른손잡이 집사의 경우, 왼손으로 고양이의 얼굴을 움직이지 않도록 감싸거나 받치고, 오른손은 입 주변을 만져줍니다. 이런 행동을 할 때 좋아하는 간식을 제공한다면, 고양이 상사가 먼저 와서 얼굴을 만져달라고 조를 것입니다.

두 번째 단계, 누가 고양이 입에 손을 넣을 것인가?

고양이 상사의 얼굴을 만질 수 있게 되었다면, 고양이 상사가 입에 칫솔이 들어오는 것에 대하여 거부감을 느끼지 않거나, 칫솔을 강하게 씹는 등의 행동을 하지 않도록, 입속에 손가락을 넣는 연습을 시킵니다. 이때 손가락에는 고양이가 좋아하는 젤 형태의 간식을 묻힌 채로 진행하면 좋은데, 비타민 영양제나 헤어볼 제거제가 보통 젤 형태이므로 이를 이용하면 좋습니다. 간혹 이런 젤 형태의 간식이나 영양제를 싫어하는 고양이가 있다면, 그때는 캔 제품의 육수와 같이 좋아할 만한 음식을 손에 묻히는 방법을 사용할 수도 있습니다. 이 훈련 단계의 성공은 고양이가 입속으로 들어온 손가락을 깨물지 않고 거부반응을 보이지 않을 때까지입니다.

손가락 대신 처음부터 반려묘용 칫솔을 이용하는 방법도 가능하며, 이 경우에는 치약 대신 앞서 말씀드린 젤이나 액체 형태의 간식을 칫솔에 묻힙니다. 칫솔에 간식을 묻힐 때는 듬뿍, 그리고 칫솔의 뿌리가 깊숙이 묻힐 수 있도록 하는데, 그렇게 하면 간식을 맛보기 위해 고양이가 오랫동안 칫솔을 입에 물게 할 수 있습니다.

세 번째 단계, 구역 나누기

고양이가 아무리 양치질에 적응하였다 하더라도, 양치하는 시간이 길어지는 것은 부담스러울 것입니다. 처음부터 모든 이빨을 양치한다기보다는 구역을 나눠서 시작하는 것을 추천해 드립니다. 예를 들어 첫째 날은 오른쪽 상악의 이빨만, 둘째 날은 왼쪽 아래턱의 이빨만 양치하는 식입니다. 이런 식으로 한다면, 처음에는 이빨 전체를 양치하는 데에 8 일 정도가 소요될 것이지만, 양치질에 익숙해질수록, 이빨 전체를 양치하는 데에 걸리는 시간은 4일, 2일 순으로 점차 짧아질 것입니다.

네 번째 단계, 시간이 약

보통 고양이가 양치질에 익숙해지는 데는 얼마나 걸릴까요? 여쭤보면 3주나 1달 정도로 예상하는 경우가 많습니다. 하지만 정답은 "고양이마다 다릅니다."입니다. 어떤 고양이는 1주일 만에 양치질을 받아들이지만, 몇 달이 지나도 불편해하거나 거부하는 경우도 있습니다. 고양이 양치질 훈련에 대한 시간 목표를 1년으로 집사 마음에 새깁니다. 그리고 꾸준히 양치질을 진행한다면 집사의 양치 실력이 숙련 되든, 고양이 상사가 양치질에 대하여 거부하는 것을 포기하든, 결국에는 집사의 양치질에 담담하게 임하는 모습을 볼 수 있게 될 것입니다.

양치 훈련 꿀팁

치약은 무조건 맛있는 효소 원료 제품이 좋습니다. 고양이는 양치 후 입을 게워낼 수 없기 때문에 효소 원료의 제품을 사용하는 편이 건강에 악영향이 없습니다. 또한 곤혹스러울 수 있는 양치에 동기부여가 될 있도록 최대한 맛있는 치약을 준비해둔다면 금상첨화겠지요.

양치 업무를 힘들어 하는 집사라면 한번쯤은 생기는 궁금증이 있습니다. 만약 치약을 발라만 줘도 효과가 있을까요? 앞서 말씀드린 바와 같이 고양이가 치석에 취약한 것은 타액 내 치석을 예방하는 효소가 부족하기 때문입니다. 효소 치약은 타액의 부족한 효소를 제공하여 주므로, 발라만 줘도 어느 정도의 효과를 볼 수 있습니다. 다만, 양치질을 한다면 효소의 도움뿐 아니라 물리적으로도 치석이 제거되는 도움을 받을 수 있을 것입니다.

그렇다면 양치질, 매일 해야 할까요? 계산해 봅시다. 고양이가 음식을 섭취한 후, 섭취한 음식으로 인해 구강 내 세균이 자라 치석이 쌓이는 데에는 평균 7일 정도의 시간이 소요된다고 합니다. 매일 양치질을 해줄 수 없더라도 1주일 2~3번 정도라도 양치질을 해준다면, 이빨 관리에 도움이 될 것이며, 하루를 기준으로 본다면 고양이 상사 마지막 식사를 한 이후에 양치질해준다면 더 좋을 것입니다.

반면 어떤 노력을 기울여도 도저히 양치질할 수 없는 경우도 발생합니다. 오랜 시간 동안 꾸준한 노력해도 실패할 수 있습니다. 이런 경우에는 간식처럼 제공할 수 있거나 밥에 먹이거나, 또는 음수에 희석하여 제공해 줄 수 있는 구강 관리 제품 이용을 검토해 보세요.

고양이도 밥심이 있다

고양이 영양학

3대, 5대 그리고 6대 영양소

단백질, 지방 그리고 탄수화물과 같이 체내에서 열량을 발생시킬 수 있는 물질만을 영양소로 분류했던 적도 있지만, 체내의 생리 대사에 비타민과 미네랄이 필수적이라는 것이 알려지면서 점차 5대 영양소를 중요시하게 되었습니다. 하지만, 최근에는 수분 또한 중요한 요소로 언급되고 있습니다. 스스로 열량을 만들지는 못하지만 영양소들을 생체에서 운반, 제거하는 중요한 역할을 하기 때문입니다. 그러니 사실상 영양소의 피라미드는 6단계로 구분하며, 그 중 수분은 가장 아래 단계에 머물지라도 전체 구조를 바치는 가장 중요한 구성 요소로 생각해야 합니다.

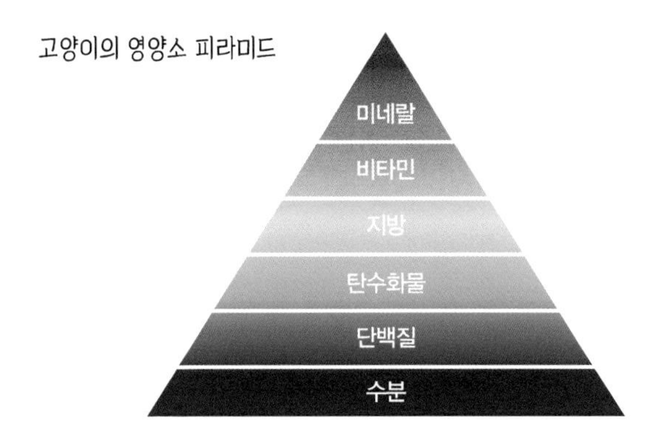

수분

생체는 대부분 수분으로 구성되어 있습니다. 태어난지 얼마 되지 않은 아기 고양이는 생체 구성의 75%가 수분이며, 성체는 50~60% 수분으로 구성되어 있다고 합니다. 특히나 노령이 되면서 수분의 구성 비율이 낮아져, 수분 공급은 건강 유지와 생명 연장에 매우 중요합니다.

수분은 수용성 물질(예. 수용성 비타민 B, C)을 녹여 운반하며, 생체 전체에 대한 영양소의 공급 및 배출을 책임집니다. 또한 가수 분해 반응을 통해 생체 세포와 모든 대사 과정에 관여하며, 체온 조절, 소변 및 대변을 통해 대사산물을 배출 등의 역할을 합니다.

고양이가 휴식할 때, 하루에 체중 1kg당 40~50mL의 수분을 섭취해야 합니다. 격한 운동을 하는 경우에는 수분 필요량이 더 올라가지만, 다행히 고양이 대부분은 무리한 신체 운동을 선호하지 않습니다. 생명체는 몇 주 정도는 음식 없이 생존이 가능하지만(고양이는 단백 분해 제한 효소가 없어서 1일도 단백질이 없어서는 안 됩니다), 수분 없이는 며칠 혹은 몇 시간도 생존이 어렵습니다.

만약 체내 전반에 만성탈수가 생긴다면 전신 질환을 유발할 수 있습니다. 기절을 하거나, 생명이 위독할 정도의 심한 수분 공급 부족이나, 급격한 탈수가 아니더라도 몸 전체에 만성적으로 탈수가 발생하는 경우에는 모든 장기가 영향을 받습니다. 메마른 장기들은 기능이 떨어지게 되고, 이는 고양이의 노화를 가속하고, 여러 질병에 걸릴 수 있는 확률 또한 높입니다.

만성 탈수에 의해 발생할 수 있는 질환들

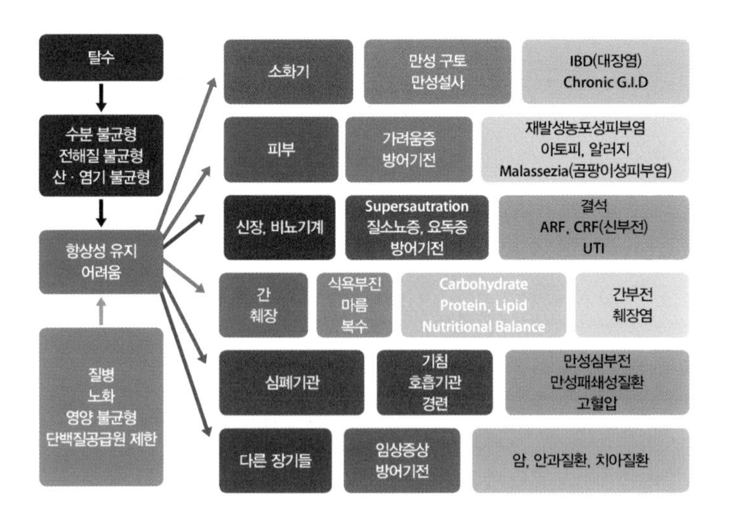

특히 수분이 부족하면 비뇨기계 질환에 노출되기 쉽습니다. 그래서 원활한 수분 공급, 특히 습식사료를 통한 수분 공급은 집사 사이에서 잘 알려진 관리 방법입니다. 충분히 음수한 후 원활하게 배뇨할 수 있게 해주세요. 결석으로 발전할 수 있는 방광의 요 결정들이 희석되고, 계속해서 방광이 깨끗하게 유지되는 효과가 있습니다.

산성도 균형에 필수인 수분 섭취의 중요성

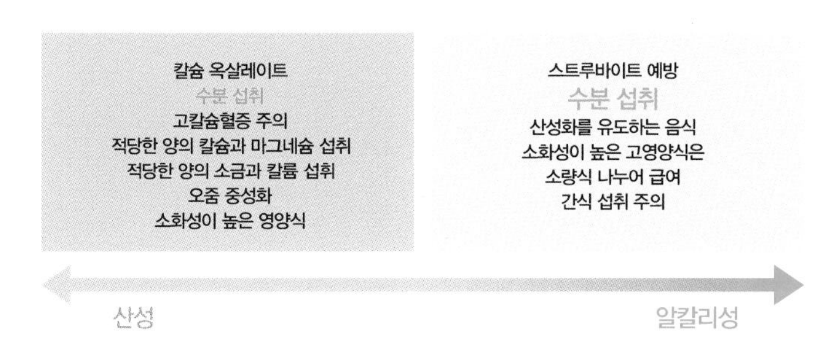

마지막으로 충분한 수분 섭취는 노령 고양이의 혈액순환에도 도움이 됩니다. 고양이도 나이를 먹으면 행동량이 줄어들기 때문에 음수량도 젊은 시절보다 감소할 수 있습니다. 심지어 노령성 인지 장애 증후군을 앓는 고양이는 물을 마시는 것을 잊거나, 갈증을 잘 느끼지 못하고 있을 수도 있습니다. 이런 경우에는 지속적인 탈수가 발생합니다. 탈수로 혈액 순환이 잘 되지 않으면 심장은 보상성으로 더욱더 운동하면서 비대해지고, 간과 신장은 충분한 산소와 영양분을 받지 못해 그 기능이 저하될 수도 있습니다. 충분한 수분 섭취는 혈액 순환에도 도움을 줄 것입니다.

노화에 따른 주요장기(심장, 신장, 간)와 혈관, 피부의 변화

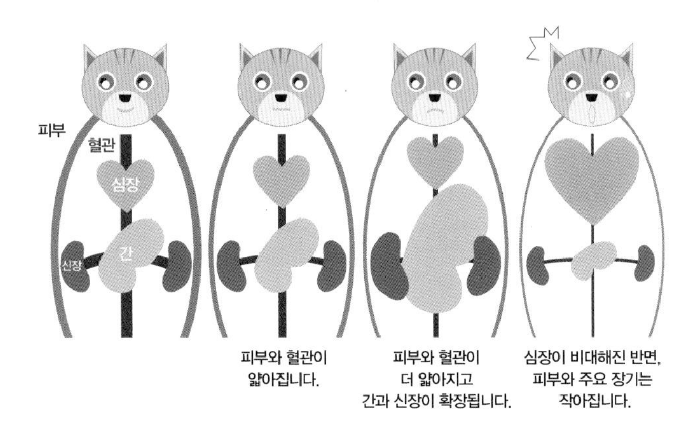
피부
혈관
심장
간
신장
피부와 혈관이
얇아집니다.
피부와 혈관이
더 얇아지고
간과 신장이 확장됩니다.
심장이 비대해진 반면,
피부와 주요 장기는
작아집니다.

단백질

보통은 '단백질' 하면 닭가슴살이나 계란 흰자를 떠올립니다만 단백질은 고기에만 있지 않습니다. 물론 해당 식품들은 확실히 단백질이 풍부합니다. 그러나 고양이는 다양한 재료를 통해 단백질을 공급받습니다. 포유동물과 조류의 근육과 장기에서 얻어진 단백질은 아미노산 함량이 풍부하고 흡수율이 양호할 뿐 아니라 각종 미네랄이 풍부하여 고양이에게 가장 좋은 단백질원입니다. 달걀흰자의 단백질은 흡수율이 100%이지만, 단백질의 품질은 흡수율뿐 아니라 아미노산의 구성도 중요하기 때문에 가

장 좋은 단백질이라는 것은 아닙니다. 계란 흰자를 날 것으로 섭취하면 바이오틴(Vitamin B7)이 결핍될 수 있어서 익혀서 제공하는 것을 권합니다. 어류나 해산물로부터 단백질을 받는 경우에는 필수 아미노산인 타우린과 오메가3 지방산도 풍부하게 받을 수 있을 것입니다. 유제품을 통한 단백질은 고양이가 성장하며 유당분해효소가 부족해진다는 것을 염두에 두어야 합니다. 곡물이나 콩과 식물, 각종 채소와 과일에서도 단백질이 제공되지만, 흡수율이 낮고 일부 아미노산이 부족할 수 있습니다. 대신 풍부한 식이섬유를 받을 수는 있을 것입니다.

단백질은 아미노산 단위로 신체에서 흡수되고 이용됩니다. 여러 아미노산이 모여 펩타이드를 구성하고, 이 펩타이드들이 모여 단백질이 됩니다. 하여, 단백질의 흡수, 재합성은 그 구성단위인 아미노산의 수준에서 이루어집니다. 이 과정을 오색의 구슬 목걸이를 각각의 색을 가진 목걸이로 나누어 만드는 과정으로 생각하면 됩니다. 쇠고기의 단백질이 빨강, 노랑, 초록, 파랑, 보라색 구슬이 엮인 색색의 목걸이라면 이 목걸이는 체내에서 단백분해 효소라는 가위에 의해서 한알 한알로 나누어집니다. 각각 다른 색의 구슬들을 체내에서는 성장에 필요한 빨간색 목걸이를, 면역에 필요한 파란 목걸이를 만드는 것이 단백질의 소화 과정이라고 생각해 주시면 됩니다.

단백질은 함량보다는 품질이 중요합니다. 많은 집사가 고양이 상사의 사료 선택에서 단백질 함량을 중요하게 여깁니다. 당연히 단백질 대사는 매우 중요하기 때문에 최소한의 단백질 함량을 갖추는 것은 기본적으로 확인되어야 할 사항이지만, 결국 단백질은 아미노산 단위에서 생체 내 이용이 이루어지기 때문에 어떤 아미노산들을 포함하고 있는지가 매우 중요합니다. 특히, 직접 체내에서 생성할 수 없어 음식을 통해서만 받아야 하는 필수아미노산의 함유가 매우 중요합니다.

고양이에게 필요한 필수 아미노산은 11종이며, 특정 필수 아미노산이 결핍되면 특정 단백질의 생산이 중지되고 결국 조직의 구성 및 재건이 중지되고 호르몬 작용이 중지될 것입니다.

단백질의 품질을 정하는 또 하나의 기준은 흡수율입니다. 아

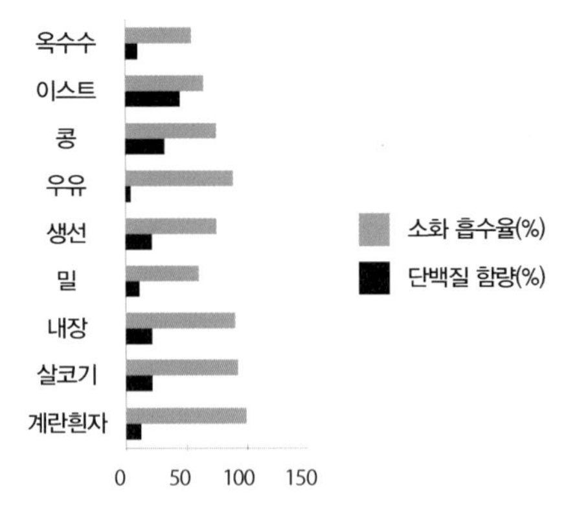

무리 많은 단백질을 섭취한다 해도, 흡수되지 않고 배설된다면 영양이 부족할 수 있습니다. 하여 실제 체내에서 이용될 수 있도록 흡수율이 높은 단백질에 대해서 알아두도록 합니다.

탄수화물과 식이섬유 그리고 유산균

주로 육식을 하는 고양이 상사의 식이에서 탄수화물은 필수로 요구되지 않지만, 적절하게 조리된 탄수화물은 포도당으로 분해되어 에너지원으로 사용됩니다. 특히, 탄수화물 중 식이섬유(Prebi-otiic)는 장내 유효 미생물(유산균, Probiotic)의 먹이가 되어 장 건강과 소화에 도움이 되며, 일부 식이섬유는 장점막의 면역력도 향상합니다. 또한 식이섬유는 장내 수분이 부족할 때는 수분을 내보내고, 수분이 과도할 때는 수분을 흡수하여, 변의 형태를 늘 적당하게 해주는 효과도 있습니다. 다만, 식이섬유가 너무 과도하게 급여되면, 식이섬유 자체는 열량을 생성하는 에너지로 사용되지 않아 에너지가 희석되고, 미네랄의 흡수 및 이용률이 감소할 수 있습니다. 또한 가스가 과잉으로 생성되어 복부팽만이 고창증을 일으킬 수도 있습니다.

최근 식이섬유와 함께 고양이 장 건강에 중요한 부분으로 대두되는 것이 유산균입니다. 장점막에서 사는 유산균은 젖산을 생성하고, 산성에 약한 유해세균을 감소시키는 효과가 있습니다. 유산균은 위산과 담즙에서 생존하여 소장까지 도달하는 비병원성의 독성이 없는 균으로, 소장에는 락토바실루스 균이, 대장에는 비피더스균이 좋은 영향을 주는 것으로 알려져 있습니다. 특히나 식이섬유와 비피더스균을 제공받은 고양이들은 대변 내의 암모니아 농도가 감소하는 등의 대장 미생물 총에 긍정적인 효과가 나타나는 것으로 알려져 있습니다.

탄수화물은 포도당으로 분해되어, 몸에서 사용됩니다. 하지만 급격한 포도당의 상승은 건강에 좋지 않기 때문에 탄수화물의 혈당지수(GI, Glycemic Index)에도 집사들은 관심을 가질 수 있습니다. 혈당 지수가 절대적인 지표가 될 수는 없겠지만 탄수화물의 공급원을 선택할 때 좋은 참고가 될 것입니다.

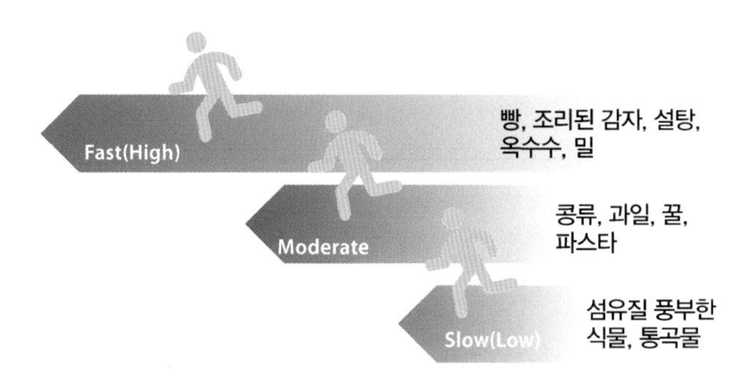

현직 집사라면 이런 고민을 덜기 위해 '그레인프리' 사료를 준비하기도 합니다. 고양이가 탄수화물을 잘 소화하지 못한다는 생각에 또는 탄수화물 섭취가 비만과 당뇨를 유발한 것이라는

우려 때문에, 탄수화물의 섭취를 줄이는 목적 때문이죠. 하지만 그레인프리(곡물이 없다)라는 것은 탄수화물이 없다거나, 고단백질이라는 것을 뜻하는 것은 아닙니다. 어떤 그레인프리 제품은 곡물 대신 다른 탄수화물(예, 타피오카나, 뿌리 식물 유래의 전분)로 원료가 대체되었을 수 있습니다. 탄수화물과 곡물에 대한 집사님들의 걱정을 좀 덜어 드리자면, 적절하게 조리된 곡물은 고양이 상사의 체내에서 에너지원으로 잘 활용되며, 일단 체내로 흡수된 탄수화물은 소화율이 높습니다. 또한, 곡물은 탄수화물만 제공하는 것이 아니라, 단백질, 식이섬유, 비타민, 미네랄을 제공해주며, 알레르기 유발 가능성도 낮습니다.

지방

지방은 고양이 상사의 식사에 있어서 기호성에 매우 중요한 요소일 뿐 아니라, 효율적인 에너지 공급원입니다. 또한 지용성 비타민(Vitamin A, D, E, K)을 운반하고 체내조직을 구성하며 각종 호르몬 및 체내 조절작용 인자들의 전구체 역할을 합니다.

집사들이 눈여겨보아야 하는 지방산은 고양이가 체내에서 생성하지 못하는 필수지방산입니다. 특히나, 체내에서 EPA나 DHA를 합성하지 못합니다. 이 때문에 식물 유래의 지방은 기호도를 높이는 데에 사용될 수는 있으나, 필수지방산의 공급원으로 적당하지 않습니다. 식물에 함유된 필수지방산을 체내에서 활용할 수 있는 형태로 전환하는 효소가 고양이에게는 없기 때문입니다. 하여, 고양이에게는 생선 오일이 지방산의 공급원으로 가장 추천할 만합니다. 특히 필수지방산 중 오메가3 지방산은 항염증 작용으로 뇌, 근육, 소화, 관절, 피부 및 비뇨기에 광범위한 작용을 나타내며, 오메가 6 지방산은 오메가3 지방산의 작용을 보조하며, 성 성숙과 피부와 모질에 큰 영향을 줍니다. 오메가3 지방산과 오메가 6 지방산의 비율에 대해서는 많은 의견이 있으나, 보통 1:1~1:10 정도면 특별한 문제가 없는 것으로 알려져 있습니다.

비타민

비타민은 직접적인 에너지원으로 활용되지는 않지만, 매우 광범위한 역할을 합니다. 효소나 조효소의 성분, 단백질, 지질, 탄수화물, 미네랄의 대사에 관여하며, 신체 각 기관의 기능 조절, 신경 안정, 생리 조정, 두뇌 활동을 촉진합니다. 매우 소량으로도 충분하지만, 생명 유지에 필수적인 영양소입니다.

공급 시 주의할 것은 수용성 비타민은 과량으로 공급되어도, 소변 등에 녹아 체외로 배출되지만, 비타민 A. D, E, K와 같은 지용성 비타민은 과량으로 제공되면 체내에 축적되어 질병을 일으킬 수도 있다는 것입니다.

보통 상용화되어 시판되는 펫푸드에는 적절한 양의 비타민이 포함되어 있지만, 고양이 상사에게 가정식을 공급하는 경우에는 조리과정에서 비타민이 파괴되거나 균형이 깨지는 경우를 감안하여, 건강검진과 전문가의 조언이나 상담을 받아서 관리하는 것도 좋을 것입니다.

미네랄

미네랄은 자연적으로도 사료의 원료 등에 포함되어 있지만, 필요한 경우에는 추가하기도 합니다. 비타민과 같이 상대적으로 적은 양이 필요할지라도 건강 유지에 매우 중요합니다.

특히, 칼슘과 인은 뼈와 치아의 형성에 매우 중요합니다. 간혹 신장 질환의 검사에서 혈중인 수치를 확인하기 때문에 인을 신장 질환의 원인으로 제한하시는 집사님들이 계십니다. 물론, 중증의 신장 질환에서는 전문가의 판단에 따라 '인 제한 식이'를 실시할 수도 있으나, 인은 에너지 대사에 매우 중요한 미네랄이며, 인의 함량보다는 칼슘과 인의 비율이 더욱더 중요합니다. 칼슘과 인의 비율에 대해 NRC(National Research Council)에서는 1:1~2:1, AAFCO(Association of American Feed Control Organization)에서는 1:2~3:2를 기준으로 하고 있습니다.

건강과 입맛을 모두 고려한 사료 선택

고양이를 위한 사료 선택에서 집사들은 실로 많은 것들은 고려합니다. 고양이 상사가 일평생 드셔야 하니, 성분, 기호성뿐 아니라 가격도 중요합니다. 제조사의 규모나 이미지도 중요 판단 기준이 될 수 있고, 지병이 있는 고양이 상사를 모시는 집사라면 기능성 사료나 처방식을 고려 할 수도 있습니다. 이 모든 사항이 중요하지만 가장 중요한 부분을 결정하여 선택에 옮기도록 합니다. 사료 선택의 기준을 더 자세히 알아봅시다.

회사의 평판/안전성

아무리 좋은 제품을 제조하는 회사라 할지라도, 사료가 주식인 것을 감안했을 때, 꾸준히 제공이 가능한지 확인해야 합니다.

기호성

가장 기호성이 높은 사료뿐 아니라, 만일의 경우를 대비해서, 대체할 수 있는 사료 후보군도 물색해 놓아야 합니다.

소화성

소화율은 섭취한 양 대비 배설한 양으로, 소화성이 높은 사료는 배변량이 많지 않습니다. 예를 들어, 고양이가 어떤 음식을 100g 섭취한 후 20g의 배설물을 배출했다면. 그 음식의 소화율은 80%입니다. 작고 단단한 변을 본다면 소화율이 양호한 식품이라 생각할 수 있습니다.

대사에너지

체중 감량 혹은 체중 증량이 필요할 수 있어서 사료에 표시된 사료 g(혹은 kg)당 열량을 확인합니다. 보통 시판되는 사료에는 제품의 칼로리에 ME(Metabolisable energy)으로 대사 에너지를 표기합니다.

영양소

부족한 영양소는 없는지, 너무 영양 구성이 한쪽으로 치우쳐 있지는 않은지 확인합니다. 앞서서 살펴본 단백질, 지방, 탄수화물의 함량을 확인하고, 재료들에도 각종 비타민이 존재하지만, 제조 및 보관 과정에서 비타민의 손실을 고려하여, 상용화된 사료에는 비타민을 추가하고, 그 함량을 표기합니다. 미네랄의 경우에는 사료에 표기된 영양성분 중 조회분으로 확인할 수 있습니다. 비타민과 마찬가지로 양과 비율이 중요한 항목에 대해서는 별도로 표기되어 확인할 수도 있습니다.

원료

혹시 모를 고양이 상사의 기호성이나 소화에 도움이 될만한 원료들을 확인합니다.

기능성

체중조절이나, 헤어볼 조절이 필요한 경우에는 기능성 제품을 염두에 둘 수 있습니다.

가격

꼭 비싼 사료가 우리 고양이 상사에게 최고의 사료는 아닙니다. 적절한 가격이라도 집사와 고양이 모두 가성비와 가심비를 만족할 수 있는 제품이 있을 수 있습니다.

아무리 좋은 것이라도 과하면 좋지 않습니다. 고양이 상사의 건강을 위해서는 적당한 양의 조공이 현명하다는 조언으로 고양이 영양학을 마치겠습니다.

신체검사는 기본 복지

가정 정기검진 방법

BCS(신체지수) 확인하기

신체지수는 고양이의 몸 상태를 눈으로 확인하고, 손으로 만져서 확인합니다. 하지만, 품종묘의 고양이 상사는 특이한 체형이나 거대한 신체를 가질 수 있기에 이를 고려합니다. 또한, 다수의 집사가 모시는 고양이 상사는 가족 간에 평가 결과가 다를 수 있습니다. 중요한 것은 체형과 체중의 변화이기 때문에 집사 중 가장 많은 시간을 보내거나, 가장 냉정하고 객관적인 판단을 하는 집사가 주로 평가하여, 다른 집사들과 공유하도록 합니다.

BCS (Body Condition Score, BSS: Body Score System)

5 BCS scale	% body fat	몸의 상태
1	< 5	**매우 수척함**: 갈비뼈와 몸의 돌출부과 눈에 뜨임, 지방이 만져지지 않고 근육의 소실
2	6~14	**매우 마름**: 갈비뼈와 몸의 돌출부과 보임, 약간의 근육 소실 있으며 지방 없음
3	15~24	**약간 마른**: 갈비뼈 만지가 쉽고 허리선이 들어감. 배의 지방이 약간 있거나 없음, 있다면 피부과 늘어진 것으로 진방이 아님
	20~24	**이상적**: 지방 없이 갈비뼈 만질 수 있으며 허리선 있으며, 배 지방 확실히 있음
4	25~29	**약간 과체중**: 갈비뼈에 약간 지방이 덮힘, 허리선이 없어짐, 배 지방 확실히 있음
	30~34	**과체중**: 갈비뼈 만지기 어려움, 중증도의 배지방과 동그스름해진 배선
5	35~39	**비만**: 갈비뼈 못 만짐, 배는 동글고 배지방이 눈에 띄고 요추에도 지방이 있다. 어깨와 배부분의 지방 축적이 눈에 뜨임
	40~45	**심각한 비만**: 요추와 엉치뼈, 얼굴에 지방 싸임, 거대해진 복부와 허리, 몸이 굉장히 넓어짐

지방지수 평가하기

고양이의 신체 각 부위의 수치 확인으로 체지방(Body fat, %)을 확인할 수도 있습니다. 다만 이 경우에는 고양이 상사의 각 신체 부위를 측정하는 것 못지않게 높은 수학적인 지식이 더 요구될 듯합니다. 열정적인 집사라면 한 번쯤 시도해보는 건 어떨까요?

체지방 측정 방법은 2가지가 있습니다. TC와 PL을 이용하는 방법과 TL과 CW를 이용하는 방법이 있습니다.

체지방 = [{(TC/0.7067) - PL}/0.9156] - PL

* TC(Thorax Circumference): 흉곽 둘레 길이로 9번째 늑골에서 몸통을 감싸 측정합니다.
* PL(Paw Length): 무릎부터 지간까지 길이를 측정합니다.

체지방 = 66.715 - 0.061 × (TL^2/CW)

* TL(Total Length): 몸길이. 코끝부터 꼬리 뿌리까지의 길이입니다.
* CW(Current Weight): 현재 체중입니다.

근육지수 평가하기

신체지수나 지방지수와는 별도로 근육지수를 확인해야만 합니다. 몸은 비만 상태이면서, 동시에 심각한 근위축증이 발생하는 경우가 있습니다. 특히나 노령의 고양이는 활동량이 점점 줄어들면서, 점차 근육량도 줄어드는 경향이 있습니다. 근육이 줄어들면 몸의 탄력이 줄고 골격이 밖으로 드러나기 때문에 육안으로도 확인할 수 있고, 두개골의 옆부분, 견갑부분, 요추와 골반뼈 부위를 촉진하여, 근육 위축의 정도를 확인해야 합니다.

근육 상태	눌리는 정도
근육 위축 없음 정상 근육량	
경미한 근육 위축	
중증도 근육 위축	
현저한 근육 위축	

1일 에너지 요구량 계산하기

아직도 사료 포장지에 쓰여있는 체중별 컵으로 사료량을 측량하는 방법을 이용하시나요? 나쁜 방법은 아니지만, 개체별 특이사항을 모두 아우르기에는 부족합니다. 때문에 컵을 기준으로 사료량을 측정하는 방법은 러프한 기준으로만 참고하고, 고양이의 1일 에너지 요구량 계산 방법을 이용하는 것을 권장합니다.

우선 휴식 시 필요한 에너지 요구량을 계산해야 합니다. 체중 2~10kg범위 내의 고양이를 기준으로 휴식 시(아무것도 하지 않을 때)의 필요 에너지는 (체중×30)+70Kcal입니다. 즉, 고양이 몸무게가 5kg이라면 휴식 시 필요에너지 요구량은 (5×30)+70 = 220Kcal입니다. 여기에 상태 배수를 곱하면 1일 에너지 요구량을 알 수 있습니다. 상태 배수는 고양이의 생애 주기, 활동량, 중성화 여부 등이 포함됩니다. 다음의 표로 고양이 상사의 상태 배수를 알아 봅시다.

고양이 상태와 활동성	상태 배수
운동량이 많고 활발한 성묘	1.8~2.5
중성화를 받지 않은 성묘	1.4~1.6
중성화를 받은 성묘	1.2~1.4
체지방 20% 이상인 성묘	1
감량이 필요한 성묘	0.8
고령묘 (7~11세)	1.1~1.4
노령묘 (11세이상)	1.1~1.6
임신묘	1.6~2.0
수유묘	2~6
4개월 미만 아기 고양이 (성묘 체중의 50% 이하)	3
4~6개월 아기 고양이 (성묘 체중의 50~70%)	2.5
7~12개월 아기 고양이 (성묘 체중의 70% 이상)	2

예를 들어, 중성화 한 체중 5kg의 성묘라면 상태 배수가 1.2~1.4입니다. 따라서 1일 에너지 요구량을 구하는 식은 {(체중(5)×30)+70}×상태배수(1.2~1.4)이며 계산하면 264~308Kcal가 됩니다. 이렇게 구해진 일일 에너지 요구량을 사료 열량(Kcal/g)로 나누면, 급여량을 계산할 수 있습니다. (사료 열량은 대부분 사료포장지에서 확인할 수 있습니다)

자 드디어 필요한 사료량을 구할 수 있게 되었습니다. 감량이 필요한 체중 5kg의 고양이가 4Kcal/g의 열량을 가진 사료를 먹는다면,

일일 에너지 요구량은 ((5×30)+70))×0.8 = 176Kcal이며, 1일 사료량은 176Kcal÷4Kcal/g이므로 44g입니다.

상사의 체중 변화에 맞춰 사료량을 조절하는 스마트한 집사가 되도록 합니다.

간식을 제공할 때도 1일 에너지 요구량을 활용해 적절한 양을 계산할 수 있습니다. 간식은 보통 기호성을 높이기 위해, 특정 영양소(단백질이나 지방)에 치우쳐져 있는 경우가 있으며, 너무 많은 간식 제공은 체중 조절을 어렵게 할 뿐 아니라, 영양의 불균형을 유발합니다. 하여, 간식은 Kcal기준으로 1일 에너지 요구량의 10% 이하가 되도록 합니다. 1일 에너지 요구량이 200 Kcal인 고양이의 간식 허용 범위는 20 Kcal입니다. 보통 고양이가 특정 간식을 먹고 체중이 증가하는 경우는 필요한 에너지는 사료를 통해 받고, 간식으로 추가 에너지원을 받기 때문인 경우가 많습니다.

노령 고양이 상사의 체중 관리

고양이는 캣초딩 시절을 보내고 나면, 현저하게 활동량이 줄

어듭니다. 7~11세 사이에는 보통 1년에 3%씩 에너지 요구량이 감소하기 때문에, 집사는 고양이 상사가 비만이 되지 않도록 사료량을 조절하면서 지속적인 체중 확인을 해야 합니다. 고양이가 비만해지면, 증가한 몸무게가 관절과 인대에 무리를 줍니다. 뿐만 아니라 비만한 고양이는 피부질환, 호흡기질환, 심혈관계 및 비뇨기계 질환뿐 아니라 당뇨나 암의 발생률이 높아지는 경향도 있기 때문에 체중이 증가하지 않도록 주의해야 합니다. 하지만, 고양이가 11세 이상이 되면 오히려 1년에 10~20% 에너지 요구량이 증가하는 현상이 일어납니다. 이 나이의 노령묘들에서는 단백질의 요구량이 증가하고, 체중 감량보다는 체중 유지가 더욱더 중요합니다. 종양, 신부전이나 갑상샘항진증이 발병한 반려묘들에서 사망 2.5년 전부터 이유 없이 체중이 감소했다는 보고가 있습니다. 따라서 11세 이상의 노령묘를 공양하는 집사는 소화 흡수율이 높은 고품질 단백질을 섭취할 수 있도록 배려해 주어야 하며, 체중의 변화도 꼼꼼히 체크하도록 합니다.

서로의 영역 존중하기

영역의 이해

"고양이 상사와 같은 공간을 공유한다고 해서,

그들의 영역에 마음대로 침범할 수 있는 것은 아닙니다."

외부에서의 방문이나 위협에 대한 고양이 상사의 행동은 영역의 범위에 따라, 달라질 수 있습니다. 다음 그림으로 거리에 따라 달라지는 고양이 상사의 행동을 알아봅시다.

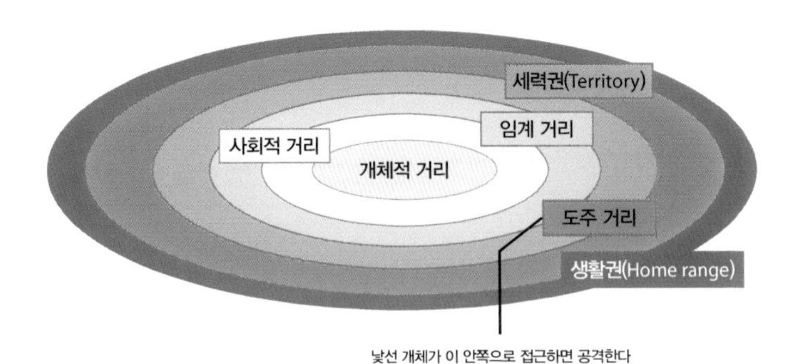

1	생활권	우리 동네, 다른 가정의 고양이들과 공유한다. 낯선 고양이가 오면 경계합니다.
2	도주 거리	집 앞 골목, 낯선 고양이가 나타나면, 서둘러 귀가하거나 자신의 휴식 장소로 돌아갑니다.
3	세력권	우리 집 앞, 낯선 고양이가 나타나면 경고로 '하악'이나 '캬' 등의 소리를 낼 수 있습니다.
4	임계 거리	우리 집 현관, 낯선 고양이가 나타나면 공격하여 쫓아냅니다.
5	사회적 거리	우리 집, 가족이나 동료 고양이와 공유합니다.
6	개체적 거리	내 방, 혼자서 시간을 보낼 수 있어야 하고, 유대감이 강한 고양이와는 공유할 수 있습니다.

이 설명은 동네를 자유롭게 다니는 고양이 상사에게 해당하며 집에서만 생활하는 고양이 상사라면 차이를 보입니다. 예를 들면 '1) 현관 앞, 2) 거실, 3) 방문 앞, 4) 방(또는 휴식 공간이 있는 곳), 5) 휴식 공간으로부터 2m 정도, 5) 고양이 상사의 휴식 공간'으로 나뉠 수도 있습니다. 중요한 것은 적절한 거리에서 불편한 관계에 대해서는 고양이 상사가 스스로 자리를 피하지만, 위협을 느낀다면 경고와 위협을 거쳐 공격을 할 수 있다는 것입니다.

하여, 다른 집사의 집을 방문하여, 고양이 상사를 방문할 때는 무턱대고 고양이 상사에게 다가가기보다는, 현관부터 고양이 상사에게 자신을 냄새 등으로 소개하고, 거실 등에 머무르면서 고양이 상사가 먼저 다가와 주길 기다리는 것이 방문 예절이라 할 수 있을 것입니다. 다른 집 고양이 상사를 방문하는 순서에 대해 좀 더 상세히 알아봅시다.

명함 교환하기

신체적인 거리를 접히기 전에, 체취를 확인할 기회를 줍니다. 고양이 상사와 함께하는 지인의 집에 갔을 때, 목도리나 모자 등을 고양이 상사와 나 사이에 두고, 냄새를 충분히 맡도록 기다립니다.

악수하기

사람은 손을 마주잡고 흔들어 인사하지만, 고양이는 눈과 시선을 사용합니다. 고양이 상사가 쳐다본다면 눈을 천천히 감았다 뜨거나 시선을 살짝 피합니다. 첫 만남에서 눈싸움 하는 것은 사람 세계에서도, 고양이 세계에서도 실례입니다.

자기소개

고양이 상사가 적극적으로 다가와 냄새를 맡는다면, 가만히 기다립니다. 가까운 거리에서 머무르지만 다가오지 않는다면, 지니고 있는 펜이나 혹은 안경 등의 소지품을 들어 고양이 얼굴의 20~30cm 위치에 둡니다. 고양이가 냄새를 맡고 소지품에 번팅을 한다면, 당신(혹은 당신의 소지품을)을 마음에 들어 하는 것입니다.

약속 잡기

언제 같이 밥 먹어요, 앞으로 친하게 지내요. 고양이 상사가 먼저 번팅이나 뤼빙을 합니다.

선물하기

고양이 상가 평소 좋아하는 간식을 제공합니다. 그러나, 고양이 상사가 아직 배가 부른 상태일 수도 있고 아직, 그 정도로 친하지 않다고 느낄 수 있습니다. 이에 실망하지 않고 다음을 기약하도록 합니다.

이 모든 과정을 성공적으로 마친다면 고양이 상사는 긍정적인 신호를 보냅니다. 대표적인 긍정의 신호로는 무릎에 와 앉는 것입니다. 우리는 이미 친한 사이라는 의미이며, 이 단계에서는 장난감을 통해 같이 놀이할 수 있습니다. 당신이 무척 마음에 들었다면 다시 만나러 갔을 때 고양이 상사의 환영을 받을 수도 있습니다. 고양이 상사가 꼬리를 수직으로 세우고 쳐다보거나 다가올 것입니다.

고양이 상사와 오해 풀기

사고방식 이해하기

만일, 당신의 고양이 상사가 물그릇을 엎어 놓거나 밥그릇을 쏟아 놓는다면, 고양이 상사가 당신을 못살게 굴기 위해서가 아니라, 그 위치가 마음에 들지 않는 것일 수도 있습니다. 이럴 때는 식기들이 엎어져 있는 위치로 식기를 옮겨 보세요. 이번에는 이처럼 고양이 상사와의 생활에서 발생하는 오해를 풀고 이해해 보도록 합니다.

고양이 상사의 일탈, 잘못된 화장실 습관 바로잡기

고양이는 화장실 훈련을 하지 않아도, 화장실 실수를 하지 않는 것으로 알려졌지만, 미국에서 고양이의 행동학적 문제 중 가장 많은 문제이자, 고양이가 유기되는 가장 많은 원인이 화장실 실수로 알려져 있습니다.

집사가 화장실 실수에는 잘못된 장소의 배뇨와 영역 표시의 방법의 하나인 마킹(스프레이)입니다. 두 문제로 인해서 집사들은 난처한 상황(난처한 사항 나열할 것)을 겪지만, 근본적인 문제 해결을 위해서는 고양님의 부적절한 배뇨인지 마킹인지구분할 수 있어야 합니다.

배뇨와 마킹의 구분하기 위한 가장 좋은 팁은 소변의 흔적이 수직이냐? 수평이냐? 입니다. 소변의 흔적이 지표면(수평인) 경우에는 100%가 부적절한 배뇨입니다. 하지만 마킹의 경우에는 대부분(90% 정도)은 벽면이고, 10%는 수평에 하는 경우가 있다고 합니다.

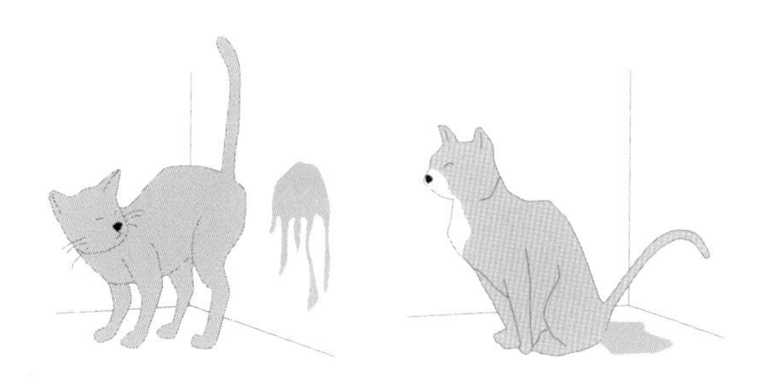

또한, 부적절한 배뇨의 경우에는 소변량이 많고, 마킹의 경우는 소변량이 적다는 것도 고양이의 난처한 화장실 습관의 이유를 집사가 알아내는 데에 좋은 실마리가 될 수 있습니다.

부적절한 배뇨는 원인에 따라 해결방법은 다르지만, 집사가 원인을 찾아내고, 환경을 개선하여 해결할 수 있는 경우도 많지만, 마킹의 경우나 몇몇 부적절한 배뇨는 전문가의 도움과 의학적인 처치가 필요합니다.

화장실이 아닌 장소에 배변할 때는 대개 아래의 이유가 원인인 경우가 많습니다.

화장실이 싫어서

화장실의 위치, 크기 혹은 모래의 재질이 마음에 들지 않는다면, 고양이 상사는 집사의 침대나 거실의 카펫을 화장실로 사용할 수 있습니다.

같이 사는 고양이 상사가 싫어해서

다묘 가정에서 경쟁 상대의 고양이 상사가 화장실로 가는 길을 막아설 수 있습니다. 그러면 참다 참다가 화장실에 가지 못하고 엉뚱한 장소에서 배설하는 상황이 벌어질 수 있습니다.

화장실이 아닌 곳이 좋아서

다른 재질이나 장소가 마음에 드는 경우입니다. 화장실을 선택하는 고양이 상사만의 기준을 알아내야 합니다. 만약 천을 좋아하는 고양이 상사라면 화장실 모래 위에 천을 깔아 놓아 주는 방법으로 해결할 수도 있을 것입니다.

화장실에 안 좋은 기억이 있어서

화장실을 나올 때마다 다른 고양이 상사가 공격했었거나 화장실에 들어갔을 때, 놀랄만한 소리나 상황이 일어났다면 화장실에 대한 부정적인 기억으로 인해 해당 화장실을 거부할 수 있습니다. 이런 경우에는 완전히 새로운 화장실을 구매하여 새로운 곳에 놓는 등 이전의 안 좋은 기억과 화장실의 연결고리를 끊는 방법이 필요합니다.

다만 화장실이 아닌 장소에서 맛동산(대변)이 발견되었다면 위의 경우에 속하지 않습니다. 또한 마킹(영역 표시)로도 볼 수 없습니다. 마킹이 필요하다면 배변보다 더 쉬운 표시방법인 배뇨를 통해서 하기 때문입니다. 때문에 좀 더 심도 깊은 행동학적인 접근과 전문가와의 상담이 필요합니다.

우선 위장 내 문제(변비)나 운동성 문제(관절염)가 생긴 경우일 수 있습니다. 특히 소변이나 대변 중 한 쪽만 화장실 이외의 장소에 배설한다면, 건강상에 문제가 생겼을 수 있습니다. 예를 들어 소변은 화장실에서 배설하지만, 대변은 화장실 이외 장소에서 배설한다면 장 내 이물이 있거나 소화불량일 가능성이 높습니다.

사료나 간식을 먹기 전에 가만히 응시하는 행동을 하는 고양이 상사들이 있습니다. 또한 사료를 먹지 않고 한두 알갱이씩 툭툭 치면서 노는 고양이 상사들도 있습니다. 사료가 맛이 없어서일까요?

고양이 상사는 사냥할 때 특정한 순서를 따릅니다. 바로 '은신 → 사냥감 관찰 → 한 번에 덮침 → 사냥감이 반격을 하지 못하도록 툭툭치기'로 사냥 업무를 처리합니다. 따라서 식사 중 보이는 모습은 사냥감에 대한 행동이 사료 섭식에 투영되는 것으로 생각할 수 있습니다.

냄새를 맡고, 어딘가에 묻으려는 행동을 하는 경우

고양이 상사들은 싫어하는 것, 의심스러운 것은 만지지조차 않습니다. 묻으려 하는 행동은 해당 사료나 간식이 싫거나 냄새가 지독하다고 생각하여 어딘 가에 묻으려 한다는 것보다는, 지금은 왠지 의심스러워서 섭취를 보류했다가 나중에 식이 여부를 결정하겠다는 것으로 생각해 보는 것은 어떨까요?

사료를 조금씩 입에 물고 터는 행동을 하는 경우

시골의 고양이 상사가 사냥하는 모습을 보면, 잡은 쥐를 공중으로 치기도 하고, 여러 번 가격합니다. 이런 모습을 보고 '잔인하다. 먹이를 가지고 논다.'라고 생각하는 분들도 간혹 있습니다. 하지만, 고양이 상사의 먹이 중 특히나 쥐는 매우 사나운 동물입니다. 쥐를 사냥하는 동안 고양이 상사도 상처를 입을 수 있습니다. 그야말로 목숨을 걸고 먹는 식량이 쥐입니다. 그렇다 보니 이런 쥐를 완전하게 죽이거나 의식을 잃게 해야 섭취에서의 안전성이 보장된다고 하겠습니다. 또한 이런 행동을 통해 사냥감의 근육을 가죽과 뼈에서 효과적으로 분리할 수 있습니다. 하여, 입에 사료를 물고 터는 행동은 섭취에 안전을 기하는 것으로부터 기인하였다고 볼 수 있습니다.

사료를 삼켜 먹는 경우

뒤에서 한 번 더 말씀드리겠지만, 고양이 상사는 씹을 필요가 없습니다. 아니, 씹는 행동이 많이 발달하지 않았다고 말씀드릴 수 있습니다. 집사들은 자라면서 부모님에게 '소화가 잘되게 꼭꼭 씹어 먹어'라는 소리를 들으면서 성장하는데, 엄마 고양이는 아기 고양이에게 이것을 가르쳐 주지 않은 것일까요? 고양이 상사는 음식물의 세균 억제와 뼛조각의 소화를 위해서 위산이 많이 발달했습니다. 하여, 구강 내에서 꼭꼭 씹고, 음식물이 타액의 소화 효소와 섞이는 물리적 그리고 화학적인 구강에서의 1차 소화보다는 위에서 주된 소화가 이루어집니다. 그렇다 보니 고양이 상사의 구강에서는 이빨로 먹잇감의 근육을 자르는 정도의 소화 준비 과정만 이루어집니다. 이와 달리 집사의 경우에는 탄수화물을 잘 소화할 수 있도록 이빨의 형태와 타액이 발달하여, 씹어 먹는 것이 소화에 유리합니다. 하지만, 간혹 사료를 꼭꼭 어금니로 잘라 먹는 고양이 상사들도 계십니다. 이런 고양이 상사는 사료가 잘리면서 치아 표면의 치석이 제거되어 깨끗한 이빨을 가진 경우가 많습니다. 하지만 잘라 먹는 특성상 주로 상악의 내부와 아래턱의 외부에 있는 이빨들만이 주로 깨끗해지고, 잇몸의 안쪽에 있는 치은연하의 치석은 제거되지 않기 때문에 사료를 잘 잘라 먹는 고양이 상사라 할지라도 양치질은 필수입니다.

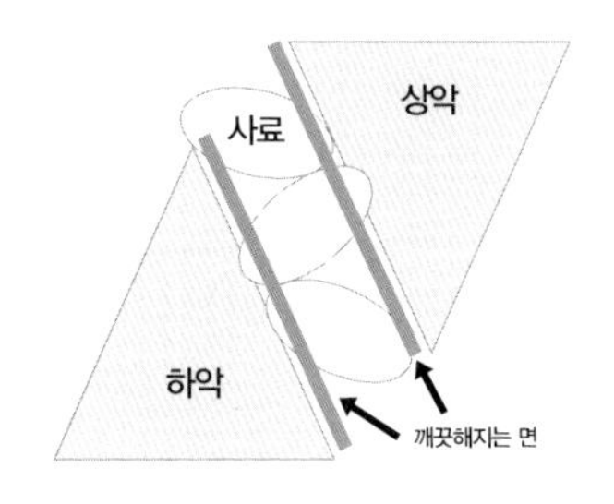

머리를 옆으로 기울이면서 먹는 경우

야생에서 고양이 상사는 그릇이 아니라 바닥에서 먹이를 먹었기 때문에 잘 먹기 위해 머리를 경사지게 하여 식사를 하였습니다. 다만, 먹기 편한 경우에는 똑바로 고개를 숙이고 섭취를 하고, 섭식이 어려운 경우 고개를 더욱더 기울여서 섭식하는 경향이 있기 때문에, 자신의 고양이 상사가 식사 시 고개를 기울이기 시작했다면, 사료가 먹기 불편한 형태이지는 않은지, 식기 사용이 불편하지는 않은지, 또는 치아나 구강 건강 관련 문제가 발생한 것은 아닌지 확인도록 합니다.

항상 사료를 남기는 경우

사료를 언제나 조금씩 남기는 고양이 상사가 있습니다. 사료량을 그릇에 보충하여도, 위에 있는 사료만 먹고, 밑에 깔린 사료는 또 남기기가 일쑤입니다. 이런 경우에는 식기가 문제일 수 있습니다. 고양이 상사의 수염은 매우 민감한 감각 기관이기 때문에 고양이 상사는 식사 시에도 수염이 더럽혀지거나, 식기에 수염이 닿는 것을 싫어합니다. 이렇다 보니, 소복이 싸인 사료의 윗부분은 수염이 식기에 닿지 않고 먹을 수 있지만, 바닥 부분의 사료를 먹기 위해서는 수염이 식기에 닿다 보니, 거부하는 현상이 생깁니다. 고양이 상사의 수염 길이를 고려하여 식기의 너비를 결정합니다.

공격적인 고양이 상사라면

같은 공간을 공유하기는 하지만, 서로 사이가 안 좋은 고양이 상사 간에서는 다툼이 일어납니다. 특히 서로 사이가 좋지 않은 고양이 상사들이 한 집에서 근무하는 경우 서로에게 냉정한 모습을 보입니다. 고양이 상사는 안전을 중요시하는 성격이기 때문에 보통은 서로 간의 경쟁은 냉전의 형태처럼, 격렬하지는 않지만 일촉즉발의 긴장감이 흐를 것입니다.

서로 친한 고양이 상사 간에는 자원(집사, 음식, 휴식 장소나 화장실)을 공유하는 것과 반대로, 사이가 나쁜 경우에는 다른 고양이가 자원을 이용하는 것을 방해합니다. 식사 장소나 화장실로 가는 길을 막아서기도 하고, 다른 고양이 상사의 휴식 장소를 망쳐 놓기도 합니다. 그렇다 보니 고양이 살사 간의 격렬한 싸움은 자원이 있거나 공동으로 사용하는 장소 근처에서 발생합니다. 자원이라는 것에는 집사의 애정도 포함되므로 집사의 외출 시간 동안에는 서로 무시하면서 마주치지 않게 지내다가도, 집사가 집으로 복귀하면 서로 집사의 관심과 사랑을 쟁탈하기 위해서 싸움이 일어날 수도 있습니다.

이런 경우에는, 신속하게 사이가 좋지 않은 고양이 상사들을 분리(사회적 거리 두기)하고, 천천히 체취를 공유하는 방식 등을 통해서 단계적으로 합사를 준비해야 합니다. 서로 낯설어하는 고양이 상사나 사이가 좋지 않은 고양이 상사의 관계 개선에는 단계적인 비대면 접촉이 해결 방법이 될 수 있습니다.

이와는 다르게 '놀이 공격성'이 있습니다. 놀이는 사냥을 위한 연습을 하는 동시에, 어린 시절 비슷한 연령의 형제자매들끼리 하면서 체력을 단련하는 효과도 있습니다. 고양이 간의 놀이에서는 서로 다치지 않을 정도의 강도를 유지하는 법칙이 존재합니다. 놀이 공격성으로 분류되는 경우는, 보통 놀이에서 강도를 조절하지 못해서 상해를 입히거나, 상대방이 놀이를 거부하는 제스처를 취했음에도 불구하고, 알아듣지 못하고 강제적으로 놀이를 하려고 하는 경우입니다.

놀이 공격성은 흥분한 모습을 보이지 않기 때문(고양이가 사냥감에 화를 내면서 접근하지는 않습니다. 오히려 조용하게 살금살금 다가옵니다. 또한 얼굴 표정도 매우 평온하거나, 약간의 호기심을 띄고 있을 수 있습니다.)에 집사는 공격에 대하여 미처 방어하지 못하는 경우가 대부분입니다.

놀이 공격성은 너무 어린 시절에 어미나 형제자매와 헤어진 고양이에게서 많이 발생합니다. 고양이가 살아가는 방식에 대해 배워가는 가장 중요한 사회화 시기에 놀이 규칙을 배우지 못하였기 때문입니다.

사회화 시기는 새로운 것을 가장 빨리 배우는 시기이지만, 고양이 상사는 사회화 시기가 지나서도 시간이 좀 더 소요되기는 한다 해도, 새로운 것을 배울 수 있습니다. 놀이 공격성을 보이는 고양이 상사에게는 새로이 놀이 방법 및 규칙을 가르쳐 주어야 합니다.

놀이 공격성을 보이는 고양이 상사와는 직접적으로 신체접촉을 하지 않는 놀이로 조금씩 자주 놀아주면서, 고양이 상사가 놀이에 너무 흥분해서 공격적인 행동을 보이면, 놀이를 바로 중단합니다. 놀이에 대한 제안에 대해서는 공격적인 행동으로 먼저 제안하는 경우에는 제안을 무시해야 합니다. 놀이 공격성을 보이는 고양이 상사를 무시할 때, 바로 자리를 피하고, 일정 시간 동안 고양이 상사와 거리를 두는 것이 좋습니다. 가장 좋은 방법은 다른 방으로 가서 문을 한동안 닫은 후에 나오는 것입니다. 적절한 방법이나 강도로 놀지 못한 고양이 상사에 대한 벌칙은 집사와의 사회적 거리 두기나 놀이의 중단입니다

남 탓하는 고양이 상사를 만났다면

'종로에서 뺨 맞고, 한강에서 욕한다.'와 비슷한 경우입니다. 모습이 보이지 않는 존재(큰 소리나, 천둥)나 자신이 접근할 수 없는 대상으로부터 스트레스를 받거나 공포를 느낀 고양이가 다른 대상으로 공격성을 나타내는 경우입니다. 그래서 이를 '우회적 공격성'이라고 표현합니다. 다묘 가정에서는 같이 동거하는 고양이 상사에 대한 불만을 집사에게 나타내는 경우도 있습니다.

이런 경우 집사는 고양이 상사를 불안하게 하는 요인들을 찾아보도록 합니다. 고양이 상사는 우리와는 다른 감각의 세계로

살고 있기 때문에 다양한 방향으로 가능성을 열어둘 수 있도록 합니다.

고양이 상사의 밀당 이해하기

집사에게 쓰다듬어 달라고 다가와, 집사의 쓰다듬을 만족스러운 듯 받다가, 갑자기 집사의 손을 무는 공격성을 하는 경우입니다. 예전에는 집사의 손길에 기분이 좋아진 고양이가, '안 돼, 이렇게 무방비상태가 되면 위험해'라고 생각해서, 이런 행동을 한다고 해석하기도 했습니다.

유독 민감한 부분을 쓰다듬으면 그에 대한 반응을 보일 수 있습니다. 특정 부위에 대해서 유난히 민감하다면, 혹시 해당 부분에 통증이 있는지 확인해보는 것이 좋습니다.

또한, 어떤 고양이는 쓰다듬을 통해 얻는 만족감이 빠르게 자극으로 느껴지는 민감한 촉감을 가지고 있는 경우도 있습니다. 이런 경우에는 쓰다듬으면서 고양이 상사를 잘 살핍니다. 고양이 상사는 1분 정도만 쓰다듬어 주길 원했는데, 집사가 1분을 넘겼을 수도 있습니다. 이런 경우, 고양이 상사는 꼬리를 좌우로 흔든다거나, 몸이 경직된다는 등의 불편함을 표현할 것입니다. 고양이 상사의 불편함이 입수되면 즉각적으로 쓰다듬을 중단 했다가, 다시 쓰다듬기를 시도해도 좋을 것입니다. 이런 고양이 상사와 집사 간의 밀고 당기기를 계속하면서, 적당한 쓰다듬기의 시간이나 강도를 알아낼 수 있습니다.

간혹 고양이 집사가 쓰다듬는 방법이 마음에 들지 않는 고양이 상사들도 계십니다. 특히 힘이 좋은 남성 집사의 경우, 강하게 쓱쓱 긴 리듬으로 온몸을 쓰다듬는 경우가 있는데, 고양이 상사의 촉각이 민감하기도 하거니와, 고양이 상사는 짧은 리듬으로 가볍게 그루밍을 하므로 고양이 상사가 불쾌함을 느낄 수 있습니다. 칫솔 등을 이용해서 그루밍해주는 것도 좋은 방법일 것입니다.

소심한 고양이 상사는 안정이 필요해

겁이 많은 고양이가 공격한다는 것은 모순적인 행동으로 보입니다. 하지만 달리 보면 자신의 목숨을 지키기 위한 공격성이기 때문에 그만큼 절실하기도 합니다. 심한 공포에 따라 공격 행동뿐 아니라, 배설하기도 하고, 항문낭액이 배출되는 경우도 있습니다. 이때, 고양이 상사의 행동언어는 '절대! 가까이 오지 마!' 입니다. 동물병원 방문처럼 어쩔 수 없는 경우가 아닌 이상 고양이 상사가 이 정도의 두려움을 보인다면, 일단 거리를 두고 진정할 때까지 기다려야 합니다.

겁이 많은 고양이의 경우는 휴식 공간을 준비해 줄 때도, 도망

갈 수 있는 대피로를 만들어줘야 합니다. 보통 시판되는 반려동물 전용의 동굴 형태 방석은 별도의 대피로가 없음으로 적합하지 않습니다.

고양이 상사가 늘 불안한 상태라면, 전문가의 상담을 통해 불안감 완화를 위한 처방 약을 준비해야 할 수도 있습니다.

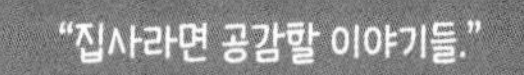
“집사라면 공감할 이야기들.”

Part
5

집사들의 수다

소곤.. 소곤..
소곤...
지켜보고
있다냥...

냥냐...
냥..냥...
냐냥
뭐지?
뭐라는거야?

Q 품종 고양이를 좋아하는 나, 속물일까요?

A 고양이 상사는 품종마다 고유의 아름다움과 개성을 지니고 있습니다. 러시안 블루는 우아한 모습과는 달리 매우 친근하게 행동하고 먼치킨은 세상의 모든 귀여움과 사랑스러움을 모아 놓은 것과 같은 모습을 보여줍니다. 그런 독특한 모습에 사랑을 느끼는 것은 어쩌면 당연한 일입니다.

또한 코리안 숏 헤어(코숏)와 같이 자연이 만들어낸 고양이 상사에게도 고유한 매력이 있습니다. 다양한 털의 색과 무늬에서 느껴지는 아름다움은 물론, 눈 모양, 귀의 크기, 다리 길이 등 개성 넘치는 귀여움이 가득하고 성격 또한 무척 다양합니다. 도도한 모습에 반할 수도 있고 친근한 태도에 온 마음을 빼앗기게 될 수도 있죠. 호기심이 많은 성격이라면 건조했던 집사의 일상을 즐거움과 활력으로 채워주기도 합니다.

그러므로 중요한 것은 '어떤 고양이와 함께하는지'보다는 '고양이와 어떻게 함께하는지'가 아닐까 생각합니다. 브리더에게서 데려온 품종묘도, 보호소에서 만난 코숏도 자신을 진정으로 사랑하는 집사와 만났을 때 행복할 수 있을 테니까요. 품종묘이든, 혼혈묘이든, 코숏이든 집사의 관심과 사랑 속에서 고양이로서의 본능을 표현하고, 자신의 행동 양식을 발현하면서, 배고픔, 목마름과 고통으로부터 자유롭게 지내는 것이 가장 중요한 것입니다.

Q 혼자 사는 제가 고양이를 길러도 될까요? 혼자 있을 때 외로워하지 않을까요?

A '내 외로움을 달래려고 너를 만났는데, 매일 너를 외롭게 남겨둬야 하는구나'. 혹시 이렇게 생각하며 매일 아침 출근길에 고양이와 눈물의 이별을 반복하시나요? 사실 집사들의 애착과 걱정에도 불구하고, 고양이 상사는 같이 동거하는 집사보다는 환경(집)에 더 큰 영향을 받습니다. (서운해하지 마세요. 고양이 상사는 집에서 365일, 24시간을 보냅니다.) 즉, 생계를 위해 고양이와 헤어져 있는 시간을 아쉬워하기보다는, 경제활동에 집중하여 고양이 상사에게 좀 더 넓은 공간의 집을, 다양한 놀잇감과 맛있는 사료와 간식을 제공하는 것이 고양이 상사의 복지에는 더욱더 좋습니다.

그리고 연애에 밀당이 있어야 하는 것처럼, 온종일 사랑이 가득한 시선이라도, 집사가 자신만을 쳐다보고 있다면 고양이 상사는 부담스러워할 수도 있습니다. 물론, 어린 시절 집사가 인공 포유로 성장시켰거나, 다양한 사연에 의해 집사와의 애착 관계가 과도하여 분리 불안이 생긴 고양이도 있습니다. 하지만, 분리 불안은 같이 있어 주는 것으로 치료하는 것이 가능한 '강한 애착'이 아닌 '행동교정'이나 '약물치료' 등을 통해서 개선하고 관리되어야 하는 '집착'입니다. 집사와 고양이 상사 모두가 서로를 사랑하면서도 독립된 생활을 유지하는 일은 함께 살아가는 데 매우 중요한 일입니다.

매일 아침마다 고양이와 떨어져 있어야 한다는 슬픈 이별보다는, 하루하루의 업무가 고양이와 나의 행복에 밑거름이 된다고 생각을 바꿔보면 어떨까요? 일이 힘들어도 퇴근하고 집에 돌아가 사랑하는 고양이와 만날 수 있다고 생각한다면 잠시 떨어져 있는 시간도 그렇게 불행하지는 않을 것입니다. 더군다나 고양이 상사는 합리적이고 마음이 넓습니다. 늘 곁에서 함께 있어줄 수 없는 이런 상황을 진심으로 이야기해 준다면, 고양이 상사도 집사의 외출을 기꺼운 마음으로 받아들여 주리라 생각합니다.

Q 아직은 어린 우리 고양이는 너무 활발해서 힘들어요. 어쩌죠?

A '우다다~, 깡총깡총, 타닥!'. 여기저기를 뛰어다니고, 점프하는 캣초딩의 모습은 사랑스럽습니다. 게다가 성장하면 잘 움직이지 않는 경우도 많기 때문에 그 순간이 소중한 추억으로 간직되기도 합니다. 하지만 활동해야 할 시간이 있고 활동하지 말아야 할 시간은 구분되어야 하며, 적절한 활동량도 있습니다. 이는 사람과 같습니다. 어린이들이 활발하게 뛰어노는 것은 좋은 일이지만, 수업 시간에는 집중해야 하고, 수면시간에는 잠자리에 들어야 하는 것과 같습니다. 더군다나 너무 심하게 이곳저곳을 돌아다니거나 모든 것에 과도한 호기심을 갖는 것은 아무리 집안에서 생활하는 고양이라 하더라도 신체적인 위험에 노출될 가능성을 높일 수밖에 없습니다.

그러므로 이러한 일이 발생했을 때는 가장 먼저 정상적인 행동인지와 집사가 감당할 수 있는지를 판단해야 합니다.

우선 활동하는 모습이나 활동량이 정상적인가요? 여기저기 쿵쿵 부딪히면서도 아랑곳하지 않고 뛰어다니는 등 조심성이 부족하지는 않은가요? 활동량이 많은 것과 조심성이 없다는 것은 다른 이야기입니다. 또한 숨차하거나, 체력적으로 감당하지 못할 정도로 활동량이 많다면, 행동 의학적인 자문이나 건강검진을 받아볼 필요가 있습니다.

다음으로 집사가 너무 힘들지 않은지도 객관적으로 판단할 수 있어야합니다. 온종일 집 밖에서 고된 사회생활을 하고 돌아온 집사로서는 고양이 상사가 어지럽혀 놓은 집을 보고 마음의 평정을 찾기가 대단히 어려울 수 있습니다. 이런 경우에는 고양이 상사의 어지럽힘을 원천적으로 봉쇄하는 방법을 찾아야 합니다. 예를 들어, 옷 방은 잠금장치를 설치하여 고양이가 절대 들어갈 수 없도록 조치하고 평소에도 고양이가 가전기기나 조리대 근처에는 접근하지 않도록 교육하는 것이 중요합니다.

활동량이 정상인가를 판단하고, 활동량이 비이상적이라면 전문가와 상담을 받습니다. 하지만 정상적인 범위 안이라면 안전한 장난감으로 놀이 시간을 충분히 확보해주는 등 적절하게 대비해 주세요. 고양이 상사가 다치지 않고, 집사는 마음이 다치지 않도록 준비해야 합니다.

Q 다이어트가 필요한 우리 고양이, 그런데 먹을거리를 달라고 좇아다니면서 보채서 마음이 약해져요.

A 저희 어머님은, 나이가 들면서 체중이 불어가는 저를 보고 늘 "살을 빼야 하지 않겠니? 다이어트 좀 해라"라고 말씀하지만, 정작 식탁에서는 "이것도 좀 더 먹어봐라", "밥 한 그릇 더 먹을래?"라고 말씀하십니다.

마찬가지입니다. 배고프다고 보채는 고양이 상사의 급식 요구를 외면하거나 거절하는 일은 집사로서는 참으로 곤욕스러운 일입니다. 하지만, 고양이 상사의 건강을 우선한다면 그 상황도 참아내야 합니다. 당신의 보살핌 속에서 다이어트가 필요할 만큼 살이 찐 고양이 상사는 욕심꾸러기! 그러나 오래도록 함께 행복하려면 식사량을 적절하게 조절해 주세요.

Q 고양이 상사와는 정말 산책하면 안 되는 것일까요?

A 원래 고양이는 산책하던 동물이었습니다. 집사들의 주변을 배회하면서 쥐를 잡아 농경사회에 큰 도움을 주었습니다. 이러한 능력을 발휘하기 위해서 어딘가에 갇혀있거나 매여 있어야 하는 상태가 아니었으므로 과거의 고양이 상사는 자유롭게 움직였습니다. 하지만, 현대 사회에 접어들어 상황이 바뀌었습니다. 빠르게 달리는 자동차나 정신이상자들의 해코지와 같은 위험이 늘고 있고, 종종 외출했다가 길을 잃는 상황도 충분히 일어날 수 있는 일이 되었습니다. 따라서 이러한 환경 속에서는 고양이 상사가 실내 생활하는 것이 안전에는 도움이 되리라 생각됩니다. 또한 고양이가 보호되어야 하는 새를 사냥하거나, 다른 이웃의 정원을 망쳐 놓는 일도 발생할 수도 있어, 여러 가지 이해관계를 따지다보면 외출 자제가 필요할 수도 있습니다. 때로는 고양이 상사가 외출을 꺼릴 수도 있습니다. 사실 집에서만 생활하던 고양이 상사라면 진료를 위해 외출 가방에 모시는 것만 해도 만만한 일이 아닙니다.

하지만 우리는 종종 호젓한 동네에서 집 담벼락이나 장독대에서 햇빛을 받으며 느긋한 여유를 즐기거나, 나비를 쫓아 뛰어다니는 고양이 상사를 볼 수 있습니다. 참으로 행복하고 즐거워 보이는 모습입니다. 때문에 집사는 호젓한 공원을 함께 산책하거나, 맛집에 가서 사랑하는 고양이 상사와 좋은 순간을 함께 나누고 싶어 하기도 합니다. '그것이 진정한 복지가 아닐까'라고 생각하면서 말입니다.

실제로 노르웨이숲고양이, 벵갈이나 샴과 같은 몇몇 품종의 고양이 상사는 굳이 노력하지 않아도 곧잘 산책이나 외출을 즐기기도 합니다. 이런 경우에는 산책을 통하여 자연의 다양한 풍경, 냄새 그리고 소리 등을 직접 경험할 수 있게 해준다면, 그들의 삶이 훨씬 풍성해질 것입니다. 강아지처럼 발을 맞춰 걷지 않아도 됩니다. 안전한 곳에서 가슴줄을 장착한 채로 천천히 계단 위를 올라가거나, 나무 위의 새소리에 귀 기울이는 것으로도, 또는 반려동물용 유모차에 탑승한 상태로 오가는 사람들이나 동물들을 구경하는 것으로도 좋은 산책이 됩니다. 그러나 고양이 상사가 외출에 스트레스를 받는 경우라면, 좋은 의도였을지라도 무리한 산책을 유도하는 것은 잘못된 행동입니다.

Q 고양이 상사를 모시고 이사를 가야해요. 어쩌죠?

A 환경의 영향을 크게 받는 고양이 상사에게 '이사'란 이사 당일 뿐 아니라, 준비과정부터 새로운 집에서의 적응까지 스트레스가 상당한 일일 것으로 생각합니다. 그러므로 집사의 신속하면서도 꼼꼼한 배려가 반드시 필요하겠습니다.

우선 이사는 체계적으로 오랫동안 준비해 주세요. 이사 과정에서 스트레스를 받지 않고, 안전사고가 일어나지 않도록 미리미리 준비합니다. 일단 이사 이전부터 고양이 상사가 외출 가방이나 케이지에 들어가서 쉴 수 있도록 유도하여 줍니다. 물건을 포장할 때는 고양이 상사가 상자 안에 들어가 휴식을 취할 수 있으므로 주의합니다.

이상 당일에는 최대한 신속하게 움직여야 합니다. 고양이 상사가 외출 가방에서 참을 수 있는 시간은 길지 않습니다. 식사와 음수를 못 하는 것도 문제이지만 배변과 배뇨를 하지 못하는 것도 당혹스러운 문제이기 때문입니다. 또한 이사 과정 중 발생하는 소음도 스트레스를 줄 가능성이 높습니다. 그러므로 탁묘나 호텔링이 가능하다면 당일만 투숙을 의뢰하는 것도 좋은 방법입니다.

간혹 이동 중에 고양이 상사가 배가 고플까봐 걱정하는 분도 있습니다. 고양이가 받는 스트레스를 조금이나마 줄여보고자 평소 좋아하던 간식으로 달래는 경우도 있습니다. 그러나 스트레스 받는 와중에서는 식사를 제공한다 해도 제대로 먹지 못할 뿐더러, 식사한다 하더라도 제대로 소화하지 못해 배탈이 날 수 있습니다. 그뿐만 아니라, 케이지 내에서 배변이나 배뇨를 하게 되면 새로이 이사한 집에 도착하자마자 목욕을 해야 하는데, 이는 고양이 상사에게 유쾌하지 않은 일일 뿐더러, 이사 과정에 대한 불쾌한 기억을 남게 하거나 새로 이사한 집에 나쁜 기억이나 트라우마를 갖게 될 수도 있습니다.

무사히 이사를 마쳤다면 이후에는 편안하게 휴식을 취할 수 있도록 도와주세요. 새로운 구조의 집과 낯선 냄새는 고양이를 당혹스럽게 합니다. 때로는 과감하게 불만을 표시하기도 합니다. 제 고양이 상사이신 꼬맹이님은 벽지에 담배 냄새가 배어있다는 이유로 새로 이사 온 집의 벽지를 모두 뜯어 놓기도 했습니다. 새로운 집이 깨끗해 보이더라도 우리보다 민감한 그들의 후각이나 청각에 자극이나 스트레스가 되는 부분이 없을지 다시 한번 점검하면 좋을 것입니다.

마지막으로 새로 이사한 집에서 고양이 상사의 가구나 장난감 등도 새것을 준비하여 주기보다는 기존에 사용하던 제품을 사용하는 것이 좋습니다. 낯선 환경 속에서 안정을 찾는 데 도움이 됩니다. 또한, 이사 전후에는 사료나 간식 등의 변경도 피하여, 변화가 최소화가 되도록 관리하는 것이 좋겠습니다.

Q 사이가 나쁜 고양이 상사들. 친해질 방법은 없을까요?

A 고양이 상사 간의 불화에는 일단 '사회적 거리 두기'를 제안합니다. 집사는 이 짧은 휴전을 통해 고양이 상사들의 사이가 언제부터, 어떻게 나빠졌고, 서로 어느 정도까지 사이가 안 좋은지 곰곰이 살펴볼 필요가 있습니다. 고양이들이 진정되었다면 화해의 방법으로는 '비대면 접촉'을 처방합니다!

만난 이후부터 줄곧 사이가 나쁜 경우라면, 첫 만남에서 서로 친하지도 않은 상태에서 억지로 얼굴을 맞이해야 했다든지, 둘의 만남의 장소와 순간이 어수선했다든지 하는 이유가 있을 것입니다. 이런 경우에는 이전에 만난 적이 한 번도 없었던 것과 같이 다시 서로를 인사 시켜 주어야 하고 소개해주어야 합니다. 마치, 첫인상이 서로 좋지 않았던 지인들을 중재하는 것과 같이 말입니다. 처음에는 후각을 통해서, 서로의 체취를 확인 시켜 익숙하게 해 주고, 이후 공동의 공간에 대해서는 분리된 시간대별로 사용할 수 있게 조정하여 줍니다. 그 이후부터는 조심스럽게 서로의 거리를 가깝게 해줍니다.

만일, 한쪽 혹은 양쪽 고양이 상사 모두 너무 민감하거나 불안을 느끼는 경우에는 약물을 치료를 통한 행동 수정도 고려할 수 있을 것입니다.

Q 너무 심한 알레르기(Allergy)로 고양이를 다른 사람에게 보냈어요. 저는 나쁜 사람이에요.

A 가끔은 사람의 힘으로는 어쩔 수 없는 경우가 발생합니다. 저도 동물병원에서 근무할 때 반려동물을 끝까지 책임지지 못하고, 다른 집에 입양을 보내는 등 책임을 회피하는 사람이나 상황을 만나면 매우 언짢았고 종종 분노했습니다.

물론 대부분의 집사는 책임감이 뛰어납니다. 다만 가족 모두가 고양이를 좋아하고, 한 가족이 되기를 염원하였으나, 가족 구성원 중 고양이 털에 심한 알레르기를 보이는 사람이 있어 더는 같이 지낼 수 없는 상황도 종종 생깁니다. 물론 항알레르기약을 복용하며 지내는 집사도 많고, 알레르기 극복을 위해 적극적인 치료를 받는 한편, 고양이 상사의 털을 미용하시는 집사도 있습니다. 그러나 건강상의 이유 외에도 삶의 변동이나 때로는 경제적 이유 등으로 많은 집사는 고양이 상사와 같이할 수 없는 상황을 마주하게 됩니다.

집사로서의 가장 중요한 자격은 '자기 자신의 삶과 생활을 얼마나 균형 있게 유지하고 있는가'라고 생각합니다. 삶의 무게를 가까스로 버텨가면서 고양이 상사와 행복하게 지내는 것은 실로 어려운 일입니다.

당신의 고양이 상사를 끝까지 책임져 주세요. 하지만 어쩔 수 없는 상황이 생길 때를 대비하여, 고양이 상사를 모실 다음 가정을 미리 생각해 두는 것도 하나의 방법입니다. 고양이 상사의 안녕과 행복을 위해 다른 가정으로의 입양이 불가피한 경우라면, 고양이 상사가 다시 가족과 헤어지는 아픔이 없도록 최대한 안정된 환경을 찾아주세요. 그리고 너무 죄책감에 빠지지 말고, 새로운 곳에서는 더 행복할 수 있도록 빌어주세요. 당신에게 사랑받았던 고양이라면 분명 다른 곳에서도 사랑을 듬뿍 받을 수 있을 거예요. 그럼에도 불구하고 허전한 마음 한구석을 견딜 수 없다면 가정이 없어 보호소에 머물거나 길에서 생활하는 고양이에게 못다한 사랑을 나누어 주는 것도 좋은 방법이 됩니다.

Q 작은 원룸에서 살고 있어요. 저는 고양이 상사와 함께 하면 안 되겠죠?

A 예전에 고양이와 관련된 SNS를 탐색하던 중 한 댓글을 보았습니다. '겨우 ㅇㅇ평짜리 집에서 생활하는 모양인데, 고양이를 3마리나 기르다니 학대야'. 그러나 댓글과는 다르게 사진 속 고양이가 사는 환경은 매우 쾌적해 보였고, 고양이 상사들은 세심한 보살핌을 받는 듯 보였으며, 'ㅇㅇ평'이 제가 사는 집보다 넓었습니다. (저는 심지어 반려묘 2마리에 반려견 4마리와 함께 살고 있는데 말이죠!) 그 댓글에 놀란 저는 한동안 스스로 좋은 집사가 되지 못했다는 죄책감에 사로잡히기도 했습니다.

그러나 세상의 모든 고양이 상사가 다 제가 각각이듯이 집사들의 상황도 다양합니다. 저는 8마리의 고양이와 작은 아파트에서 살았던 적도 있었지만, 고양이들 간의 다툼이 있지도 않았고, 밤에는 저를 포함한 9마리가 같이 몸을 포개고 서로의 체온을 느끼면서 잠자리에 들었습니다.

작은 공간에 거주하더라도 다양한 놀이와 애착 관계를 통해서 이를 극복할 수 있습니다. 공간의 절대적인 넓이보다도 그 공간이 고양이의 취향과 행동 양식을 얼마나 반영되었는지, 집사가 고양이의 안전과 휴식을 위해 얼마나 많은 배려를 하였는지가 더욱더 중요할 것입니다.

Q 저는 저희 고양이가 너무너무 좋은데, 저희 고양이는 저를 별로 좋아하지 않는 것 같아요...

A 사람 사이의 연애에서도 사랑 표현은 각자 다릅니다. 늘 '사랑한다'를 연발하는 커플도 있지만, '사랑한다'라는 말을 아끼는 커플이 있는 것처럼 말입니다. 고양이도 마찬가지입니다. '껌딱지'라고 불릴 만큼 집사의 곁을 졸졸 쫓아다니는 경우도 있겠지만, 집사가 목 놓아 이름을 부르고 간식이나 장난감으로 유혹해도 도도하게 무시하는 경우도 있습니다. 사랑하는 대상이 나에 대한 사랑을 내가 원하는 대로 표현하길 바라는 것은 실로 어려운 일이며, 너무 지나친 애정 표현과 관심은 고양이 상사를 지치게 합니다. 고양이 상사가 표현하지 않더라도 당신에 대한 사랑은 간혹 '미야옹'하고 부르는 작은 속삭임에서, 의자에 앉아 있는 당신 주변에 걸쳐 앉는 무심한 행동에서 확인할 수 있습니다.

고양이 상사가 원하는 방식을 헤아려 사랑을 표현하는 것도 중요합니다. 사람의 애정 표현에는 5가지 방법이 있다고 합니다. '1) 함께하는 시간, 2) 신체접촉, 3) 선물, 4) 칭찬, 5) 헌신'이 바로 그 방법들입니다. 고양이 상사에 대한 애정 표현도 다르지 않을 것입니다. 애정의 표현이 간식 제공이라고 생각하는 고양이 상사에게 계속해서 쓰다듬는 접촉을 한다면, 고양이 상사가 참다 참다 당신의 손가락을 깨물고는 유유히 당신의 곁을 떠날 수 있습니다. 세심한 관찰로 고양이 상사가 좋아하는 사랑 표현을 해주는 것, 이것 또한 집사가 할 수 있는 지극한 사랑의 표현이 아닐까 싶습니다.

Q 얼마 전에 사랑하는 고양이를 떠나보냈어요. 이 슬픔을 어떻게 하면 좋을까요...

A 최근 집사들은 고양이의 노령성 변화에 대해 관심과 걱정이 늘고 있습니다. 대한민국에서는 1990년도 이후부터 본격적으로 집사들이 만들어졌기 때문에, 2020년 현재를 살고 있는 집사 1세대들은 노령묘를 공양하고 있거나, 혹은 이미 떠나보낸 경우가 많습니다. 건강하게 오랜 시간을 보낸 고양이 상사를 떠나보내는 것은 무척이나 힘든 일이며, 투병 생활을 하던 고양이 상사나 아직은 너무나 어린 고양이 상사와 사별하는 것도 집사로서 참기 힘든 슬픔일 것입니다.

고양이 상사는 집사와 아주 긴밀하고, 특별한 관계를 맺기에 그런 존재를 떠나보내고 슬픔을 느끼는 것은 너무나 당연하나, 집에서 주로 시간을 보내는 고양이 상사의 특성상 이런 슬픔을 타인과 나누고 위로할 방법이 매우 적습니다. 또한, 사람마다 반려동물에 대한 인식 수준과 이해가 다르다 보니, 자신의 슬픔을 숨겨야 하는 집사들도 있습니다. 이는 사랑하는 존재를 떠나보낸 집사들의 마음을 더욱더 외롭고 공허하게 만들기도 합니다.

고양이 상사를 떠나보낸 슬픔과 그리움을 숨기거나, 애써 참기보다는 소중한 추억으로 기릴 수 있기를 바랍니다. 생전 고양이 상사가 사용하던 장난감이나 좋아하던 간식 등을 고양이 상사의 사진 앞에 두고 마음속으로 이야기를 나눠 보거나, 생전의 사진들을 정리하여 앨범으로 간직하거나, 같은 슬픔을 가진 집사들과 추억들을 공유하여, 함께한 시간이 마음속에 따뜻하고 아름답게 담길 수 있기를 빕니다.

그리고, 또 한 가지, 새로운 고양이 상사를 만나는 것을 너무 두려워하지 마세요. 새로운 고양이 상사와의 만남은 당신이 슬픈 이별을 한 번 더 겪어야 한다는 것이 아니라, 다시 한번 고양이 상사와 행복하고 즐겁게 지낼 수 있는 기회를 얻는 일이랍니다. 행복한 집사를 꿈꾸는 당신의 앞날에 늘 고양이와의 신묘한 인연이 닿길 바랍니다.

Q 고양이 상사가 원하는 것을 알려면 어떻게 해야 할까요?

A 고양이 상사가 되어서 생각해보세요. 주변의 소리가 너무 크게 들린다거나, 미세한 냄새도 지독하게 느껴진다든지, 또는 세 입만 먹어도 배는 부르지만 자주 허기를 느낀다면 어떨까 상상을 해보세요. 고양이 상사의 눈높이에 우리의 생각을 맞춘다면, 말썽을 부리는 것이라 생각되는 행동도 이해가 될 것이고, 더 나아가 고양이 상사의 취향을 잘 파악하여, 가장 좋아하는 장난감이나 간식도 능숙하게 골라낼 수도 있습니다.

겨울날, 추위를 피해 상가 내부로 들어와서 숨은 길고양이를 구조하는 광경을 본 적이 있습니다. 길고양이 상사가 숨은 곳은 무거운 짐들이 쌓여 있는 곳이었고, 자칫하면 안전사고가 날 수도 있는 상황이었습니다. 그때 상가 관계자분들이 동원한 것은 '고양이 간식캔'이었습니다. 과연 그 고양이는 간식을 먹으려고 밖으로 나왔을까요? 고양이 상사가 어딘가로 숨었다는 것은 낯설고, 두렵다는 것입니다. 낯설고 두려워하는 고양이에게 먹을 것은 원하는 것, 필요한 것이 아닙니다. 오히려 주변의 소음을 없애고, 조명을 낮춰 안정감을 제공하는 것이 고양이 상사가 원하는 바였을 것이라 생각됩니다.

고양이 상사는 집사와 같은 공간을 공유하지만, 동시에 감각적으로 전혀 다른 세상에 살고 있습니다. 그들은 냄새의 색깔을 구분할 수 있을지도 모르고, 소리의 모양을 구분할 수 있을 수도 있습니다. 한번도 고양이가 되어본 적 없는 집사로서는 그들을 완벽하게 이해하기란 불가능합니다. 하지만 그들에 대한 이해와 관찰을 통해서는 우리는 조금이나마, 그들의 세상을 이해하고, 그들의 생각을 헤아릴 수 있을 것입니다.

집사예찬론

수의사로서, 또한 한 사람의 집사로서 다양한 고양이 상사를 만나고 치료하고 곁에서 모시며, 고양이는 참으로 '다감하고, 사랑스럽고, 절도 있고, 강인하고, 지적이며, 우아한 생물'이라고 생각을 다잡게 되었습니다. 사실, 어떠한 칭찬이나 애정도 그들에게는 과분하지 않을 것입니다.

또한 이런 완벽한 생명과 함께하는 집사도 대단한 사람입니다. 고양이가 특별하듯이 현직 집사도 전직 집사도, 예비 집사도 랜선 집사도 모두 특별합니다. 특히나 모든 집사들의 넘치는 지성과 학구열은 항상 저를 감동시킵니다. 고양이를 위해 공부하는 데 많은 시간을 할애하며, 적극적으로 관련 강의나 강좌를 찾아 수강하기도 합니다. 이 책, '고양이 상사'를 읽어주신 집사님도 마찬가지일 것이라 생각됩니다.

집사들은 빛나는 감성의 소유자입니다. 햇빛을 머금은 털에서, 우주의 신비함을 담은 눈에서 그 아름다움에 감탄하고 두리둥실한 빵 굽는 자태에서, 말캉말캉한 발바닥에서, 낮게 그르렁거리는 골골송에서 행복을 느낄 수 있는 사람입니다.

집사들의 따뜻한 마음도 감동적입니다. 길에서 마주친 배고프고 지쳐 보이는 아가 고양이나, 도로 주변을 서성이는 길고양이를 보면 집사 모두가 안타까워합니다. 가던 길을 멈추고 안전하게 길을 건너는지 살펴보며, 그들에게 한 끼라도 대접하고자 주변 상점에 들어가 요깃거리가 될 만한 것을 서둘러 찾아 가져다주기도 합니다. 집사는 가슴 속 깊은 곳으로부터 솟아난 사랑을 거리낌 없이 실천하는 사람들이며 또 그 사랑에 대한 책임을 다합니다.

고양이가 집사의 삶을 따뜻하고 풍성하게 만들어 준다면, 집사는 자신의 사랑으로 세상을 좀 더 살 만한 곳으로 만듭니다.

고양이와 함께하는 삶에서 얻은 행복을 보다 많은 곳으로 전달하며 곳곳에 따뜻한 마음과 감동을 주고 있습니다.

집사님들, 당신들이 함께 있어주어 고양이 상사들은 더욱더 행복할 고양!

믿거나 말거나지만, 고양이 상사의 수염은 행운을 가져다 준다고 합니다

감수를 도와주신 분들

"고양이 상사의 몸과 마음이 건강해야
집사의 몸과 마음이 건강해진다.
고양이 상사가 행복해야,
집사가 행복해진다."

김선아 수의사

동물행동의학전문가, 고양이 상사 (고)나비와 (고)레니의 집사

충남대학교 수의과대학 졸업

서울대학교 동물행동의학&야생동물의학 박사 수료

University of California Davis 동물행동의학 전공의 과정

전) 해마루케어센터 원장

전) 비아 동물행동의학 클리닉 원장

전) 우송대학교/신구대학교 반려동물계열 겸임교수

전) 서울대학교 수의학과 겸임교수

전) 충남대학교 수의학과 강사

그 외 다수의 방송매체 출연 및 수의사 · 수의대생 · 보호자 대상 강의 다수 진행

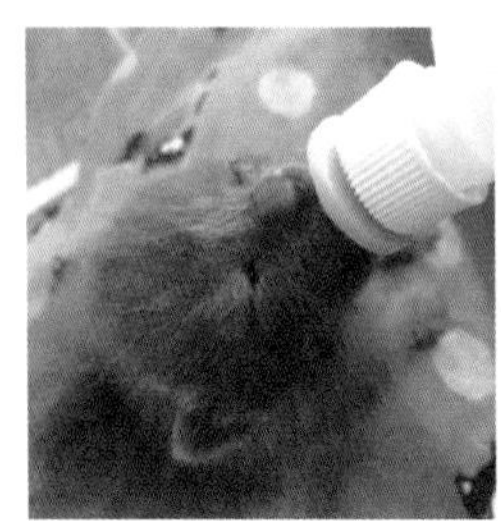
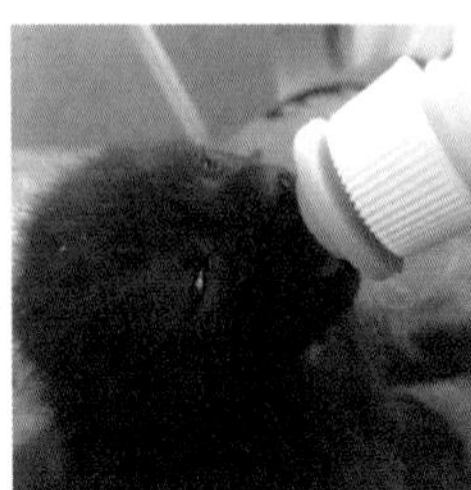

김선아 수의사가 인공포유로 쑥쑥 자라고 있는 해, 달, 별

"잘 먹는 고양이 상사가 건강하다!
고양이 상사의 건강을 위해
안전하고 균형적인 식단을 준비하자."

양바롬 수의사

동물영양학전문가, 고양이 상사 천진&낭만의 집사

건국대학교 수의과대학 졸업

경희대학교 동서의학대학원 의학영양학과 석사 졸업

충남대학교 수의학대학원 내과 박사 과정 중

현) 양바롬 펫푸드클리닉 원장

현) 한국펫푸드테라피협회 회장

현) 미국 Chi Institute 인증 수의푸드테라피스트 (CVFT)

현) 서울종합예술실용학교 애완동물학과 겸임교수

현) 서울호서직업전문학교 반려동물계열 겸임교수

그 외 수의컨퍼런스, 지역 동물병원 수의사 및 보호자 대상 다수 강의

고양이 상사 듀오 천진&낭만